中华家训名篇

张崇琛　编

吉林人民出版社

图书在版编目（CIP）数据

中华家训名篇 / 张崇琛编. — 长春：吉林人民出版社, 2010.10（2021.3重印）

（青少年探索文库）

ISBN 978-7-206-07084-6

Ⅰ. ①中… Ⅱ. ①张… Ⅲ. ①家庭道德—中国—青少年读物 Ⅳ. ①B823.1-49

中国版本图书馆CIP数据核字(2010)第192125号

中华家训名篇

编　　者：张崇琛

责任编辑：郭雪飞

吉林人民出版社出版（长春市人民大街 7548 号　邮政编码：130022）

印　刷：三河市燕春印务有限公司

开　本：700mm×970mm　　1/16

印　张：13　　　　字数：110 千字

标准书号：ISBN 978-7-206-07084-6

版　次：2010 年 10 月第 1 版　　　印　次：2021 年 3 月第 2 次印刷

定　价：39.00 元

目　录

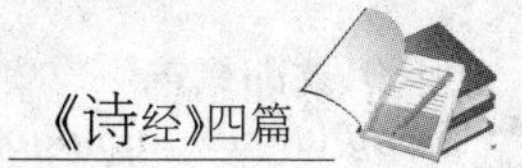

《诗经》四篇

简 介

《诗经》，又称《诗》或《诗三百》。汉武帝时列为“经”书，遂称《诗经》。《诗经》是我国第一部诗歌总集，共收诗305篇，包括“风”（十五国风）、“雅”（大雅、小雅）、“颂”（周颂、鲁颂、商颂）三部分。它反映了西周初年到春秋中叶约五百年间的社会生活。

孔子曾极力推崇《诗经》，说“不说《诗》，无以言”、“《诗》可能兴、可以观、可以群、可以怨”。此后，《诗经》一直被儒家用来教育子弟。

棠棣[1]（节）

棠棣之华[2]，鄂不韡韡[3]？凡今之人，莫如兄弟。

死丧之威[4]，兄弟孔怀[5]。原隰裒矣[6]，兄弟求矣。

——《诗经·小雅》

注 释

①此所选为《小雅·棠棣》第一与第二章。

②棠棣（dì）：古书上说的一种植物，有人认为即白樱桃。后多借棠棣来比喻兄弟。

③鄂（è）不：犹言“胡不”“遐不”。韡（wěi）韡：明艳。

④威：畏，可怕。

⑤孔：大。怀：思念。

⑥原：高原。隰（xí）：低而湿的地。裒（bāo）：损失。

译 文

棠棣花，怎会不艳丽？如今人的关系，不如亲兄弟。

死亡的事儿多可怕，只有兄弟最记挂。高原低地有生死呀，兄弟也要来寻他。

评 析

生死关头，只有亲兄弟能患难与共；远离家乡，只有亲兄弟能牵挂于怀。这首诗旨在教育人们要珍惜兄弟之间的手足深情。

蓼莪[①]（节）

父兮生我，母兮鞠我[②]。拊我畜我[③]，长我育我。顾我复我[④]，出入腹我[⑤]。欲报之德[⑥]，昊天罔报[⑦]。

——《诗经·小雅》

注　释

①此所选为《小雅·蓼莪》第四章。

②鞠：同“掬”，捧在掌中。

③拊：抚摩，拍打。畜：养。

④顾：照看。复：反复。

⑤腹：心中惦念，牵肠挂肚。

⑥之：这。

⑦昊（hào）天：苍天。罔报：不惠。

译　文

父亲啊生养我，母亲啊怀抱我。抚爱我喂养我，培养我教育我。反反复复照顾我，进进出出惦记我。想要报答这恩德，苍天不能成全我。

评　析

这首诗以抒情的笔调回忆了父母对自己的生养、教育之恩，表达了诗人对父母的深情怀念，并抒发了未能报答父母养育之恩的遗憾。

父母对孩子，不仅仅是生养他的身体，给他一次生命，更重要的是要教育他成为一个真正的人。而子女赡养父母也应是天经地义的，纵有百般的阻难，也不应废弃此项义务。

角弓① (节)

骍骍角弓②，翩其反矣③。兄弟昏姻④，无胥远矣⑤。

尔之远矣⑥，民胥然矣。尔之教矣，民胥傚矣⑦。

此令兄弟⑧，绰绰有裕⑨。不令兄弟，交相为愈⑩。

民之无良，相怨一方。受爵不让⑪，至于已斯亡。

——《诗经·小雅》

注　释

①此所选为《小雅·角弓》第一、二、三、四章。

②骍(xīn)骍：调和。角弓：用兽角装饰的弓。

③翩：很快地飞。

④昏姻：指亲戚。

⑤胥：相。

⑥尔之远：意为“你疏远别人”。

⑦傚：同“效”。

⑧令：善，好。

⑨绰（chuò）绰：宽。裕：富足。绰绰有裕：指好兄弟之间能宽容相待。

⑩愈（yù）：病。交相为愈：指互相以对方为自己的心病。

⑪让：推让。

译　文

角弓张得调和，松手它就飞向外呀。兄弟亲戚相睦，不要互相疏远呀。

你若疏远别人呀，人们也会疏远你。你若这样教导人呀，人们也会效法你。

这些善良的弟兄，彼此相处能宽容。那些不好的兄弟，互相为害和嫉恨。

人们品行不善良，互相抱怨于一方。贪图爵位不相让，轮到自己常善忘。

评　析

自古以来，权、利面前父子相杀、兄弟相残者屡见不鲜，演出了一幕幕的人间悲剧：从舜之弟象屡害其兄，到晋公子重耳险丧父手；从秦胡亥假诏死扶苏，到唐太宗玄武门之变，在他们显赫的权势背后，又有多少骨肉手足的鲜血在流呢？《小雅·角弓》一诗就对这种利欲熏心、不顾手足之情的现象进行了谴责，并告诫人们：兄弟之间应当宽容相待，决不能见利忘义、手足相残。

抑[1]

辟尔为德[2]，俾臧俾嘉[3]。淑慎尔止[4]，不愆于仪[5]。不僭不贼[6]，鲜不为则[7]。投我以桃，报之以李。彼童而角[8]，实虹小子[9]。

於乎！小子[10]，未知臧否[11]。匪手携之，言示之事[12]。匪面命之，言提其耳。借曰未知，亦既抱子。民之靡盈[13]，谁夙知而莫成[14]。

——《诗经·大雅》

注　释

①此所选为《大雅·抑》第八、第十章。

②辟：明，修明。为：语助词。辟尔为德：如说“明尔德”。

③俾（bǐ）：使（达到某种效果）。臧：善。嘉：美。

④止：容言举止。淑：美善。

⑤愆（qiān）：过失。

⑥僭（jiàn）：超越本分，差错。贼：这里用为动词，是“为害”的意思。

⑦鲜：少。则：效法的准则。

⑧童：无角的小羊。

⑨虹：幻惑。

⑩於乎：感叹词。

⑪臧（zāng）否（pǐ）：好坏、褒贬。

⑫匪：同“非”，非但。

⑬靡盈：不足。

⑭莫：同“暮”。莫成：指成功晚。

译　文

修明你的品德，使它完善且美好。谨慎你的仪表，不要失去了礼貌。不僭越不为害，很少不为人仿效。投给我那鲜桃，要用李子来回报。童羊无角言有角，只会败坏你小子。

哎呀，小子！奸坏褒贬你不知。不但用手提携你，还告知你许多事。不但当面教训你，还提着耳朵让你记。要说你没知识，也已抱上儿子。人们若是不自满，谁会懂事早而成器迟？

评　析

这是一篇言辞恳切、道理朴实的劝诫诗。似乎是一位忠厚长者在教诲已有子女而没有成就的后辈小子。其中的“匪手携之，言示之事。匪面命之，言提其耳”，俨然已将老者教育后辈时的情景再现于眼前。这位长者教育子女的方法是严教与宽教相结合，既晓之以理，又动之以情。他还指出后辈事业无成的原因是满足于现状而缺乏上进心。所有这些，都为今天的家庭教育提供了很好的借鉴。

《老子》四则

简　介

老子，姓李名耳，字聃。生卒年月不详，约生活在春秋前期，略早于孔子。老子是春秋时楚国苦县厉乡曲仁里（今河南鹿邑县）人。据《史记·老子韩非列传》记载，老子曾做过周朝的守藏室之史，即管理王室藏书的史官。孔子曾向老子问过礼。

老子是道家学派的创始人，著有《道德经》（即《老子》）五千言。其书贵道德，守清虚，重无为，代表了道家学派的主要思想，是我国第一部系统性的哲理著作，对中国文化产生了巨大的影响。

故物，或损之而益[①]，或益之而损。人之所教，我亦教之[②]强梁者不得其死[③]。吾将以为教父[④]。

——《老子》第四十二章

注 释

①或：有时。

②教之：犹言“以之教人”，用它教育别人。

③强梁者：指自逞强暴的人。

④教父：犹言“父之教”，意味教育的开始。

译 文

所以世间事物，有时贬损它就反而抬高了它，有时抬高它反而就贬损了它。这是人们互相教导的，我也用它教别人。自逞强暴的不得好死。我将把它作为教人的开端。

评 析

世间万物，都有向其反面转化的契机，所谓“物极必反”“否极泰来”是也。有时过分宠爱一个人，就等于在慢慢地害死他；而让一个人进行艰苦的磨炼，也许会令他自强不息。这原则也适用于家庭教育。

天下之至柔，驰骋天下之至坚。无有入无间。吾是以知无

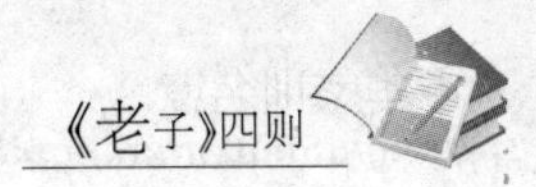

为之有益。不言之教，无为之益，天下希及之。

——《老子》第四十三章

译　文

天下最柔弱的东西，能够穿透天下最坚硬的东西。看不见的力量能进入没有空隙的地方。我因此懂得了“无为”的好处。无言的软化，无为的好处，天下很少有能比得上的。

评　析

老子极倡“无言之教”，这是基于其“无为”的思想。道家思想的核心之一是“无为”，即凡事不勉强、不争，任其自然，然后便可以无所不能（“无为而无不为”）。以此用于教化，就是“无言之教”。实际上，老子所提倡的是潜移默化的教育，是以自身的行为进行教育而不是用空洞无着的语言去进行说教。“身教”是“柔”的，而这种身教却能够让最难以教育的人感化，这就是所谓“天下之至柔，驰骋天下之至坚”。教育子女尊敬老人也是如此。自己身体力行，便是一种无言的教诲。

祸莫大于不知足，咎莫大于欲得[①]，故知足之足，常足矣。

——《老子》第四十六章

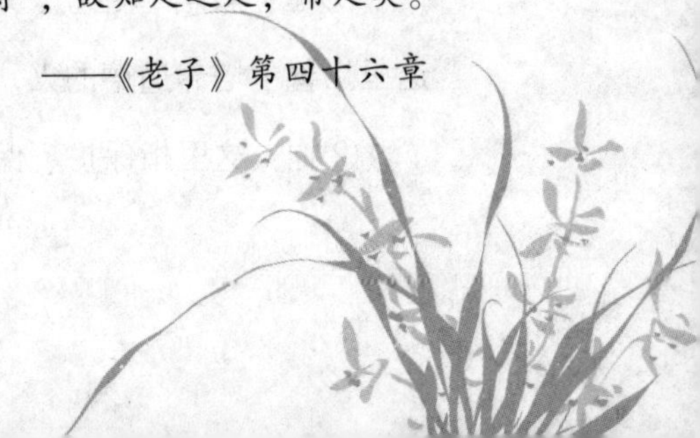

注　释

①咎（jiù）：过失。

译　文

最大的灾祸莫过于不知足，最大的罪过莫过于贪得无厌。所以，知道满足这种满足，就长久地满足了。

评　析

在现代社会中，青少年犯罪的比率越来越高，究其根源，绝大部分是受了物质享乐的诱惑，从而使他们步步滑向深渊。老子所提倡的“知足”，虽带有明显的保守色彩，但对培养青少年抵御物质诱惑的能力，以及防止和减少青少年犯罪，还是有一定借鉴意义的。

善建者不拔[①]，善抱者不脱[②]。子孙以祭祀不辍[③]。修之于身，其德乃真；修之于家[④]，其德乃余。

——《老子》第五十四章

注　释

①建：栽培、建立、培养的意思。拔：指动摇。善建者：这里指善于培养道德的人。

②抱：这里指保护、保卫。脱：使……脱。

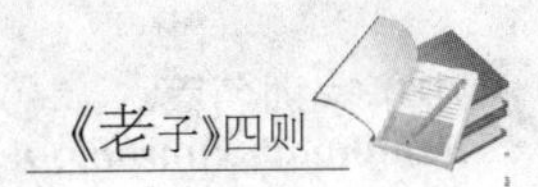

③辍（chuò）：停止。

④家：指诸侯国内分封的大夫的采邑，与后世“家”的概念有所不同。

译　文

善于培养道德的人，别人无法动摇他。善于保护道德的人，别人无法拉拢他。子子孙孙会不断祭祀他。以此进行自我修养，他的道德必然纯真；以此修治其家，必能对家有很多好处。

评　析

老子主张以德修身，以德治家。自己的道德纯真了，再用这种道德教化一家，便能达到“以德治家”的目的。

《论语》十则

简　介

孔子名丘，字仲尼（前551—前479），春秋鲁国人，曾做过鲁国的司寇。他是春秋时儒家学派的创始人，我国最有影响的思想家，伟大的教育家。其主要思想是强调“礼”和“仁”。《论语》一书是孔子死后，由他的门人记录孔子及其弟子的言论编订而成的。

孔子对后世的主要贡献是整理和编纂了古代的文化典籍，并且首次创办私学，使古典文化得以广泛流传，为战国时期“百家争鸣”的学术局面作了准备工作。孔子的言论，大都是他在长期的教育实践中，针对弟子的言行而发的，其中包含了许多他对人生经验的总结和看法。

子曰：“弟子①，入则孝，出则悌②，谨而信，汎爱众，而亲仁。行有余力，则以学文③。”

——《论语·学而》

注　释

①弟子：这里指年纪幼小的人。

②悌：弟弟尊敬兄长。

③文：指文献典籍。

译　文

孔子说：“小孩子，在父母跟前，就应孝顺父母；离开自己的房子，便应敬爱兄长；言谈小心而且诚实可信，博爱众人，亲近有仁德的人。这样做了以后，有剩余力量，就再去学习文献。”

评　析

古人云：“一年树谷，十年树木，百年树人。”人的成长是一个相当缓慢的过程。知识的积累和人格的完善往往并非是同步的。作为社会的一员，每个人都应当有知识，而且更要有良好的道德修养。否则，即使有了知识也不会为社会作出什么贡献，甚至还会带来祸害。所以，父母对子女的教育不能只注重学习，道德品质的培育应该是最根本的。只有把这两者结合起来，才能收到良好的效果。

子曰："吾十有五而志于学①，三十而立②，四十而不惑，五十而知天命③，六十而耳顺，七十而从心所欲，不逾矩④。"

——《论语·为政》

注　释

①有：同"又"。

②立：站得住。这里指独立处事。

③天命：关于孔子的"天命"一说，现在争议很大。一般认为孔子这里是说：我到了50岁就可以清楚地认识自己的道路了。所以，他的"天命"绝不是迷信概念。

④矩：规矩、分寸。

译　文

孔子说："我15岁有志于学问；30岁就可以独立处事了；40岁便遇事不迷惑；50岁就已经认识到了自己这一生的道路；60岁，一听别人言论，便可以分辨真假，判明是非；到了70岁，便随心所欲，做任何事都不越出规矩。"

评　析

这段话是孔子对自己人生经验的总结。它教育人们要明确

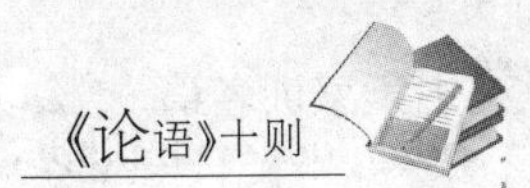

自己在不同年龄阶段上应该做的事情。这样才不致浑浑噩噩，糊里糊涂地枉度一生。

子游问孝[1]。子曰："今不孝者，是谓能养[2]。至于犬马，皆能有养；不敬，何以别乎？"

——《论语·为政》

注 释

①子游：姓言，名偃，字子游，吴国人，孔子学生。

②养：养父母。

译 文

子游问孝道。孔子说："现在所谓的孝，就是说能够养活父母便行了。但是人们对于狗和马也同样可给以饲养。如果对父母不心怀尊敬的话，那和饲养狗与马又有怎样的分别呢？"

评 析

孝顺父母，不应该只从物质上去满足他们，而更应当给他们以精神上的理解和安慰，要真正从心里去尊敬他们。

子曰："人而无信，不知其可也。大车无輗[1]，小车无軏[2]，其何以行之哉？”

——《论语·为政》

注　释

①、②輗、軏：车辕与车衡（车辕头上的横木）接头穿孔中的木销子。在大车（牛车）的叫“輗”，小车（马车）的叫“軏”。

译　文

孔子说：“人如果没有信用，那怎么能行啊。就像大车没有輗，小车没有軏，用什么办法行走呢？”

评　析

孔子认为，一个人立身社会的关键是要守信用，即使在今天看来，这也是有道理的。

子曰：“主忠信，毋友不如己者，过则勿惮改。”

——《论语·子罕》

译　文

孔子说：“注重忠和信，不要和不如自己的人交朋友，有了错误不要害怕改正。”

评　析

孔子认为在与人相处时，内心要忠诚，言行要守信用。同时，他又主张不应和不如自己的人交朋友。如果在交往中犯了错误，就要勇于改正。他这里所谓的“不如己者”，并不是指在地位、经济等方面比自己差的人，而是在思想品德上不如自己的人。因为和这样的人交朋友，不但不能使人进步，有时甚至还会使人走向堕落。

“食不语，寝不言。”

——《论语·乡党》

译　文

“吃饭时不说话，睡觉时不说话。”

评　析

吃饭说话，影响消化；睡觉说话，影响休息。这些生活的常识，我们应时刻告诫孩子。

子曰：“非礼勿视，非礼勿听，非礼勿言，非礼勿动。”

——《论语·颜渊》

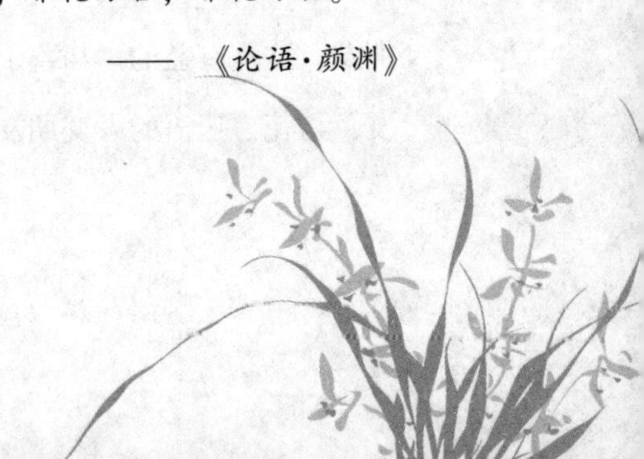

译　文

孔子说："不合乎礼不要看，不合乎礼不要听，不合乎礼不要说，不合乎礼不要行动。"

评　析

这里强调"礼"的重要性。孔子认为人的一切举动都应该依"礼"而行。在文明社会的交往中，注重礼貌可以减少磨擦，增进人们之间的团结。这在今天的家庭教育中的确是必不可少的。但是，孔子这里所谓的"礼"，其实是一种包含着伦理成分的道德约束，而不仅仅是指一般的礼貌。我们对此也应加以辨别。

孔子曰："益者三友，损者三友。友直，友谅，友多闻，益矣。友便辟，友善柔，友便佞，损矣。"

——《论语·季氏》

译　文

孔子说："有益于人的朋友有三种，有损于人的朋友有三种。与正直的人交朋友，与宽宏的人交朋友，与见识广的人交朋友，这是有益的。与善于谄媚的人交朋友，与软弱的人交朋友，与花言巧语的人交朋友，这是有损害的。"

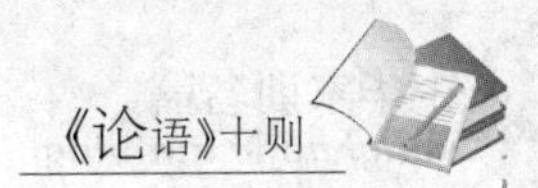

孔子曰："益者三乐，损者三乐。乐节礼乐，乐道人之善，乐多贤友，益矣。乐骄乐，乐佚遊，乐晏乐，损矣。"

——《论语·季氏》

译　文

孔子说："有益于人的快乐有三种，有损于人的快乐有三种。喜欢用礼乐节制自己，喜欢谈别人的好处，喜欢多交有才德的朋友，这是有益的。喜欢放纵的享乐，喜欢无度的游玩，喜欢宴会和音乐，这是有损害的。"

评　析

以上两段话，孔子从交友和个人喜乐两个方面，提出了"益者三友、损者三友"和"益者三乐、损者三乐"的问题。这些言论，都是孔子在长期的教育实践中，根据自己的经验和切身体会提出来的，是他人生经验的总结。由于他的话深刻地揭示出了人生发展过程中的几种有利和不利因素，所以，对我们很有帮助。

孔子曰："君子有三戒：少之时，血气未定，戒之在色；及其壮也，血气方刚，戒之在斗；及其老也，血气既衰，戒之在得。"

——《论语·丰氏》

译　文

孔子说：“君子有三件事应当警惕：年少的时候，血气没有定型，要警惕美色，等他年壮的时候，血气正旺盛，要警惕斗殴；等他年老的时候，血气已经衰退，要警惕贪得。”

评　析

这番话抓住了人生发展过程中不同年龄阶段上的性格特征和缺陷，提出了在各个阶段应当警惕的几件事情。它不但对于教育子女，而且对我们的整个人生都有很重要的借鉴意义。

左丘明《晏子论礼》

简　介

《左传》即《春秋左氏传》，又名《左氏春秋》。是春秋时鲁国史官左丘明所作，后又经过多人的增益。一般认为它是注释《春秋》的，但也有人认为，它原是一部独立的历史著作。《左传》记事起于鲁隐公元年（前722年），止于鲁哀公二十七年（前468年）。它详细地记述了春秋时代各国的政治、经济、军事、文化等方面的众多事件，在一定程度上反映了那个时代的面貌，是研究中国古代社会的重要文献。同时，它为后世历史散文的写作树立了典范，文学上的成就也很大。

本篇所选内容，题目为编者所加。

（晏子）对曰“礼之可以为国也久矣，与天地并。君令、臣共[①]，父慈、子孝，兄爱、弟敬，夫和、妻柔，姑慈、妇听，礼也。君令而不违，臣共而不贰；父慈而教，子孝而箴；兄爱而友，弟敬而顺；夫和而义[②]，妻柔而正；姑慈而从，妇听而婉[③]；礼之善物也。”

——《昭公二十六年》

注 释

①共：恭，恭敬。

②夫和而义：丈夫和蔼而合理。

③婉：指委婉陈辞。

译 文

（晏子）回答说“礼可以治理国家已经由来很久了，和天地相等。国君发令，臣下恭敬；父亲慈爱，儿子孝顺；哥哥仁爱，弟弟恭敬；丈夫和蔼，妻子温柔；婆婆慈爱，媳妇顺从；这是合于礼的。国君发令而没有错失，臣下恭敬而没有二心；父亲慈爱而教育儿子，儿子孝顺而规劝父亲；哥哥仁爱而友善，弟弟恭敬而顺服；丈夫和蔼而合理，妻子温柔而正直；婆婆慈爱而肯听从规劝，媳妇顺从而能委婉陈辞，这又是礼中的好事情。”

评 析

君臣、父子、兄弟、夫妻、婆媳五种关系中，后四种是家庭关系。这段文字所描述的，乃是对这四种关系得以和谐发展的基本要求。依晏子所论，家庭关系的美满和谐也是“礼之可以为国”的一个极重要的方面，它和君臣关系是可以等量齐观的，这在今天，仍然有可借鉴的价值。

《墨子》三篇

简　介

墨子，名翟。鲁国人。生卒年不详，约生活于春秋末期，战国初期。墨子是先秦墨家学派的创始人，有弟子三百，结成一个带宗教性质的政治团体。《墨子》一书，为墨子与其弟子所著。

墨家学派代表着小生产者、手工业者等阶层的利益。其学说有十大纲领“尚贤”、“尚同”、“节用”、“节葬”、“天志”、“明鬼”、“兼爱”、“非攻”、“非乐”、“非命”，核心是“兼爱”和“非攻”。汉代以后，墨家被统治阶级视为危险学派，屡遭禁止。

修身（节）

志不强者智不达，言不信者行不果[①]。据财不能以分人者，不足与友；宁道不笃，偏物不博，辩是非不察者[②]，不足与游[③]。

——《墨子》

注　释

①果：成，成功。

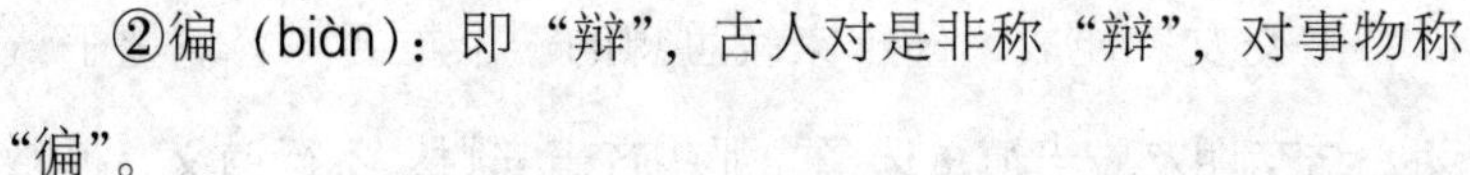

②偏（biàn）：即“辩”，古人对是非称“辩”，对事物称“偏”。

③游：游学，指跟着人学习。

译　文

意志不坚强的人知识就达不到，说话不守信用的人行动不会成功。占有财富而不能够把它分给别人的人，不值得和他交友；持守道义不坚定、认识事物不广博、判断是非不明察的人，不足以和他交往。

所染（节）

其友皆好仁义，淳谨畏令，则家日益、身日安、名日荣。

——《墨子》

译　文

他的朋友都喜好仁爱道义，并且朴实谨慎，又戒惧命令，那么他的家境就会一天天好起来，自身一天天安稳，声名一天天荣耀起来。

评　析

古语云："近朱者赤，近墨者黑"，这话的确不无道理。一个人处在不同的社会群体中，他所受的影响也会不同。所以，"交友"便成为墨子家教思想的一个重要内容。墨子认为，结交朋友应当慎重选择，那些吝啬守财、不行道义、孤陋寡闻的人是不值得去结交的。他还认为，如果一个人周围的朋友"皆好仁义"、"淳谨畏令"，那么这个人定会使家庭和睦、门楣生辉，使自己显身扬名，成功立业。"交友"这一问题，即使是在今天，仍应当引起人们的重视，尤其是为人父母者，不仅要慎重选择自己的朋友，而且要引导子女正确择友，让他们健康地成长。

兼爱（节）

墨子言："视人之家若视其家，视人之身若视其身，是故……父子相爱则慈孝，兄弟相爱则和调。"

"吾不识孝子之为亲度者①，亦欲人爱利其亲与？意欲人之恶贼其亲与？以说观之②，即欲人之爱利其亲也。然即吾恶先从事即得此[3]？若我从事乎爱利人之亲，然后人报我爱利吾亲乎？意我先从事乎恶人之亲，然后人报我以爱利吾亲乎？即必吾先从事乎爱利人之亲，然后人报我以爱利吾亲也。”

“为人父必慈，为人子必孝，为人兄必友，为人弟必悌。”

——《墨子》

注 释

①度：谋划，考虑。

②说：道理。

③恶（wū）：何。

译 文

墨子说：“看待别人的家好像看待自己的家，看待别人的身体就像看待自己的身体，因此……父子互相亲爱就会有慈有孝，兄弟互相亲爱就会和睦协调。”

“我不知道孝子为父母考虑，是否也想让别人敬爱并且有利于他的双亲呢？还是想要别人憎恨并且为害于他的双亲呢？从道理上来看，是想让别人敬爱并且有利于他的双亲。然而我首先该怎样做才能得到这种结果呢？是我先做敬爱并有利于别人双亲的事，然后别人再用敬爱并且有利于我的双亲来报答我？还是我先做些憎恶别人双亲的事，然后让别人敬爱我的双亲来报答我呢？那一定是我首先做敬爱并利于别人双亲的事，然后别人才能敬爱我的双亲来报答我。”

“做父亲的一定要慈爱，做儿子的一定要孝顺，做兄长的一定要友善，做弟弟的一定要恭敬。”

评　析

墨子提倡“兼爱”。所谓“兼爱”，就是人人相亲相爱。他特别指出，孝子希望别人敬爱自己的双亲，就必须先去敬爱别人的双亲。爱、利都是相互的。

墨子还主张“以爱治家”。他认为，在家庭中，无论是长辈还是晚辈都要相亲相爱。而这种相亲相爱对于不同的家庭成员，又是各有侧重的：父要慈，子要孝，兄要友，弟要悌。慈、孝、友、悌都是爱的表现，用爱来教育家庭中的每个成员，就会使家庭和谐美满。将此推及到整个社会，人人之间相亲相爱，家家之间相亲相爱，那么这个社会也会变得和平美好。

《孟子》三则

简 介

孟子（前 385—前 304），名轲，邹国（今山东省邹县）人，曾任齐国卿相。孟子“受业子思之门人”，是战国时期儒家思想的代表人物。著有《孟子》一书。

孟子继承了孔子的“仁”学思想，并将其加以发展，提出了自己的“仁政”和“王道”之学。唐以后，孟子的思想开始受到社会的重视。到了宋代，又将《孟子》列入经书。《孟子》一书说理严密，善设机巧，气势充沛，长于雄辩。其中亦不乏家教方面的论述。

由是观之，无恻隐之心，非人也；无羞恶之心，非人也，无辞让之心，非人也；无是非之心，非人也；恻隐之心，仁之

端也[1]；羞恶之心，义之端也；辞让之心，礼之端也；是非之心，智之端也。人之有是四端也，犹其有四体也。

——《孟子·公孙丑上》

注　释

①端：发端，开始。

译　文

这样看来，一个人，如果没有同情之心，那他就不是个人；如果没有羞耻之心，就不是个人；如果没有推让之心，就不是个人；如果没有是非之心，就不是个人。同情之心，是仁的开始；羞耻之心，是义的开始；推让之心，是礼的开始；是非之心，是智的开始。人有这四种开端，就好像他有四肢一样。

评　析

孟子主张人生在世，应具备同情、羞耻、推让和是非这四种基本的品德。这样，我们的社会风气才能日见好转，才能使全体公民的素质不断提高。

富贵不能淫[1]，贫贱不能移，威武不能屈，此之谓大丈夫。

——《孟子·滕文公下》

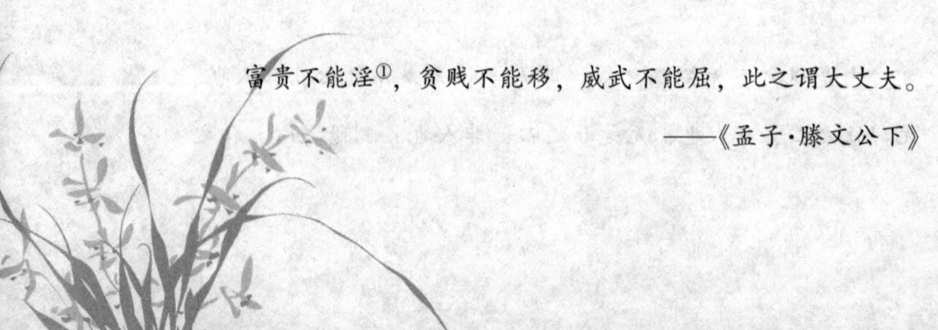

注　释

①淫：惑乱。

译　文

富贵不能扰乱我的心，贫贱不能改变我的意志，威武不能使我屈服，这才叫大丈夫。

评　析

人应该有远大的理想，不能因眼前的利益和困难便改变自己的追求。人应该树立一种坚定不移的人生目标。不要为了眼前的小利益而不惜出卖自己的人格和灵魂。这样即使他成功了，也终会遭到社会的遗弃和世人的唾骂，那又有什么意义呢？

孟子曰：“世俗所谓不孝者五：惰其四支[①]，不顾父母之养，一不孝也；博弈好饮酒，不顾父母之养，二不孝也；好货财，私妻子，不顾父母之养，三不孝也；从耳目之欲[②]，以为父母戮[③]，四不孝也；好勇斗很[④]，以危父母，五不孝也。”

——《孟子·离娄上》

注　释

①支：通“肢”。

②从：通“纵”。

③戮（lù）：羞辱。

④很：狠。此言人生性粗暴，喜欢斗殴打架。

译　文

孟子说：“一般人所说的不孝的事情有五件：四肢懒惰，不管父母的生活，一不孝；赌博下棋且喜欢喝酒，不关心父母的生活，二不孝；贪钱财，偏爱妻子儿女，不管父母的生活，三不孝；纵情声色，以使父母蒙受耻辱，四不孝；逞勇斗殴，危及父母的安全，五不孝。”

评　析

孟子这段话虽然是在讲孝道，但是他所提到的这五件事情，确也很值得我们今天的人深思。《宪法》规定，每个公民都有赡养老人的义务。对于父母的养育之恩人人都应当牢记。做儿女的要时刻替父母着想，不能为了自己的享受或一时的冲动而做出使父母伤心的事情来。

庄子《天地》（节）

简　介

庄子（约前369—前286），名周，宋国蒙（今河南商丘市东北）人。庄子是先秦道家学派的代表人物，后世将他与老子并称“老庄”。

《庄子》一书共33篇，其中“内篇”为庄周本人所著，“外篇”、“杂篇”是庄子门徒与后学所作。《庄子》文章多以形象思维来说明抽象的哲理，想象丰富，构思雄奇，文风汪洋恣肆。

孝子不谀其亲，忠臣不谄其君，臣、子之盛也。亲之所言而然，所行而善，则世俗谓之不肖子。

——《庄子》

译　文

孝子不阿谀他的父母，忠臣不谄媚他的君主，这是做子女、做臣子的最好表现。认为父母所说的话都对，父母所做的事都好，那么世人就称他为“不肖之子”。

评　析

与孔子所提倡的“父为子隐、子为父隐”的孝慈观念不同，庄子提出了“孝子不谀其亲”的观点。庄子认为做子女的应当明辨是非，而不要对父母唯唯诺诺，一味屈从。他甚至提出，“亲之所言而然，所行而善”的做法不是孝，而是“不肖”。只有“躬服仁义而明言是非”的人，才能做恭敬尽力的孝子。就孝道而言，庄子的观点有其积极意义。

在今天的家庭中，仍有不少家长有意无意在恪守着儒家的“孝道”，总希望把子女变成温良驯服的“孝子”，而抹煞子女做“人”的权利，这正是庄子几千年前就已经批评过的。须知，“行孝”只是为人子女的一种义务，而这种义务并不能凌驾于子女的“人格”之上。世皆知不敬养父母为不孝，而不知“谀亲”亦为不肖，可乎？

《荀子》二篇

简　介

荀子（前 313—前 238），名况，又称荀卿或孙卿，战国后期赵国人，为著名学者和政治家。曾到齐国稷下讲学，三任“祭酒”。后至楚，任兰陵令。也曾到过秦国。晚年与弟子从事著述，现存《荀子》32 篇。《荀子》一书，批判地吸收了战国时期各家流派的进步观点，建立了唯物主义体系。他的学说反映了新兴封建地主阶级建立封建统治的要求。荀子在文学史上是卓有成就的散文家。《荀子》一书，质朴无华，论证严密，逻辑性强。其中辞赋对于汉代赋体的发展有直接影响。

本篇所选内容，题目为编者所加。

曾子论孝

曾子[1]曰："孝子言为可闻，行为可见[2]。言为可闻，所以说远也[3]；行为可见，所以说近也。近者说则亲[4]，远者说则附[5]。亲近而附远，孝子之道也。"

——《荀子·大略》

注　释

①曾子：姓曾，名参，孔子学生。

②言为可闻，行为可见：说的话都可以让人听，做的事都可以让人看。

③说：通"悦"，悦服。

④亲：亲近。

⑤附：依附，靠拢。

译　文

曾子说："孝子的一言一行都是正直不苟的，所以他说的话都可以让人听，做的事都可以让人看。言谈正直不欺，所以能使远方的人悦服；行为正直不苟，所以能使身边的人悦服。身边的人悦服就可以亲近他，远方的人悦服则可以依附他，向他靠拢。使身边的人亲近而使远方的人依附自己，这便是孝子做人的原则。"

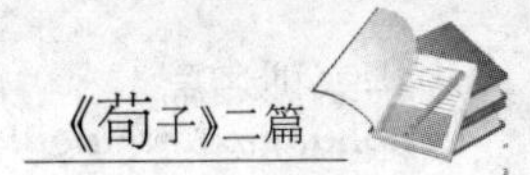

评 析

依此说，孝子不仅是一个家教（即孝敬父母）的概念，更是一个能以自己的言行影响到广大社会，并促进社会进步和美化的人。古人以孝治天下，其基本方法便是以一人推及社会，以孝道教育天下，使天下人人向善，施行仁义。

孝子所以不从命有三

孝子所以不从命有三：从命则亲危①，不从命则亲安②，孝子不从命乃衷③；从命则亲辱，不从命则亲荣，孝子不从命乃义；从命日则禽兽④，不从命则脩饰⑤，孝子不从命乃敬，故可以从而不从，是不子也⑥；未可以从而从，是不衷也；明于从不从之义。而能致恭敬、忠信、端悫以慎行之⑦，则可谓大孝矣。《传》曰：“从道不从君，从义不从父。”此之谓也。故劳苦彫萃而能无失其敬⑧，灾祸患难而能无失其义，则不幸不顺见恶⑨，而能无失其爱，非仁人莫能行。《诗》曰：“孝子不匮⑩。”此之谓也。

——《荀子·子道》

注 释

①亲危：亲，父母；危，危险。

②安：平安。

③衷：通“忠”。

④从命则禽兽：服从命令，就会使父母的行为像禽兽一样不齿于他人。

⑤脩饰：脩，同“修”；饰，同“饬”。脩饰，合乎礼义。

⑥不子：不是做儿子的本分。

⑦端悫（què）：诚实。

⑧彫萃（cuì）：萃，通“悴”；彫萃，疲乏憔悴。

⑨则不幸不顺见恶：则，即使；恶，厌恶。这句是说，即使不幸遇到父母对自己不顺心，而被他们所厌恶的时候。

⑩匮（kuì）：完结。“孝子不匮”是说孝子尽孝没有到头的时候。见《诗经·大雅·既醉》。

译 文

孝子不能服从父命的原因有三点：听从父命就会使父母陷于危险，不听从父命就会使父母平安，孝子不一味地听从父命是忠诚的表现；听从父命会使父母蒙受耻辱，不听从父命会使父母荣显，孝子不听从父命是义的表现；听从父命就会使父母的行为像禽兽一样，不齿于他人。不听从父命则可以使父母的行为合乎礼义，孝子不服从命令是敬的表现。所以说，可以服从命令而不服从，那不是做儿子的本分；不可服从命令而一味服从，那是不忠诚；明白了可服从与不可服从的基本道理，再能做到恭敬、忠信、诚实、谨慎地按理而行，那就可以算大孝了。《传》说：“坚持正道而不盲从君令，坚持道义而不盲从父命。”说的就是这个道理。因此在劳苦疲乏、憔悴难忍时能不失去对父母的尊敬，在遇到灾祸患难时能不失去对父母的恩义，即使不幸遇到父母对自己不顺心而被他们讨厌的时候，也能不失去对他们的关爱，不是仁义之人绝难做到这一点。《诗经》说：“孝子尽孝是没有尽头的。”说的正是这个道理。

评　析

荀子是用辩证眼光来看待人事物态的，孝子之事亦如此。在这里，“孝子不从命乃义”、“孝子不从命乃敬”、“从义不从父”的种种说法，虽是从儿子“孝”的学说发展而来，但其侧重点已明显在于“不从”二字。而把“孝子不从命”明确地提出来加以肯定和论证，这无疑是有进步意义的。当然，荀子对于孝子也有很具体的“敬”、“爱”、“义”的要求。可从命则从，不可从则不从，这才是真孝子。

《孝经》四篇

简　介

《孝经》是儒家经典之一，共18章。作者各说不一，以孔门后学所作之说较为合理。《孝经》一书，论述封建孝道，宣传宗法思想，汉代被列为“七经”之一。《十三经注疏》所收为唐玄宗注、宋邢昺疏本。清皮锡瑞另有《孝经郑（玄）注疏》二卷。

开宗明义章（节）

（子曰：）“身体发肤，受之父母，不敢毁伤，孝之始也；立身行道①，扬名于后世，以显父母②，孝之终也。夫孝，始于事亲，中于事君，终于立身。”

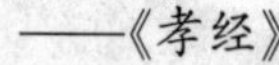

——《孝经》

注　释

①立身行道：在社会上做人，依正道而行。

②显：荣显。

译　文

(孔子说:) “身体、头发、皮肤之类，是从父母那儿得来的，不敢轻易毁坏损伤，这是孝道的开始；在社会上做人，按正道而行，使名声远扬于后世，从而使父母荣显，这是孝道的最终目的。孝道，从侍奉宗亲开始，中间是侍奉君王，最后以立身为目的。”

评　析

孔子言孝，重在尊敬父母，立身行道。若从广义上理解它，还是具有一定教育意义的。做儿女的，首先应该孝敬父母，担负起奉养他们的义务，这一点是任何时代都应提倡和肯定的。至于依正道做人，积极地为社会、为国家作贡献，使自己短暂的生命显示出应有的价值，这恐怕也正是青年人应该牢记不忘的。当然，孔子所讲的孝道，主要是着眼于事亲、事君、立身的三个方面，它所反映的历史局限性也是很明显的。

天子章（节）

(子曰:)“爱亲者不敢恶於人[1]，敬亲者不敢慢於人[2]。”

——《孝经》

注释

①恶於人：对别人不友善。

②慢於人：对待别人傲慢不敬。

译文

(孔子说:)“爱自己父母的人不敢对别人不友善，尊敬自己父母的人，就不敢对别人傲慢不敬。”

评析

孟子曰：“老吾老，以及人之老；幼吾幼，以及人之幼。”孔、孟二人，都主张亲爱、尊敬自己的亲人，并将此心推及他人。这种由家庭到社会的教育思路，是完全正确的。一个连自己的亲人都不爱不敬的人，难道还能敬爱他人吗？没有爱心，不知敬人，何以为人！

士章（节）

(子曰:)“资於事父以事母[1]，而爱同；资於事父以事君，而敬同。故母取其爱，而君取其敬，兼之者父也。”

——《孝经》

注　释

①资：取。

译　文

(孔子说：)“取侍奉父亲的态度以侍奉母亲，而对他们的爱相同；取侍奉父亲的态度以侍奉君王，而对他们的尊敬相同。所以，母亲取得爱，而君王取得尊敬；这两者都能取得的，是父亲。”

评　析

父母之于儿女，爱心相同，故其所得到的爱与敬，也应该相同。孔子言孝，虽亦重视“母取其爱”，然其重父轻母的宗法观念是极明显的。古今时代各有不同，男女平等已成为今日社会家庭关系的基本原则之一，在抚养和教育子女方面，父母所承担的责任和义务也是一样的。因此，以敬爱之心、平等之心对待父母，是每一个子女都应牢记于心，身体力行的事。

庶人章（节）

（子曰：）“谨身节用①，以养父母，此庶人之孝也②。”

——《孝经》

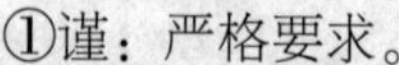

注　释

①谨：严格要求。

②庶人：百姓，平民。

译　文

（孔子说：）“严格要求自己（远离耻辱），节俭财物（免受饥寒）以奉养父母，这是平民百姓的孝道。”

评　析

平民百姓的孝道，以谨身、节用两点为最重要。谨身的目的在于自身修养的提高，而节用的意义在于使父母免受饥寒之苦。孝敬不能只停留在口头上，它应该使父母从内心深处感到宽慰和安然。没有好的品德修养，便很难用理智来保证孝敬的一贯和持久；而没有充足的衣食用物，孝敬也会缺乏最现实的生活意义。

《韩非子》四则

简　介

韩非（约前280—前233），战国时韩国公子。他“喜刑名法术之学”，是战国时法家思想之集大成者。史载韩非口吃而不善言辩，但长于著书，所著有《韩非子》，记录了他的主要思想。相传，秦王见到他的书后，渴望其人，遂发兵攻打韩国。后韩非入秦，为李斯所害。

人为婴儿也，父母养之简。①子长而怨。子盛壮成人，其供养薄，父母怒而诮之。②子父，至亲也，而或谯或怨者③，皆挟相为而不周于为己也。④

——《韩非子·外储说左上》

注　释

①简：简单怠慢。

②诮（qiào）：责问。

③谯：同“诮”。

④挟：抱，存。周：周密。

译　文

人当小孩的时候，父母养育他很简单。儿子大一点了便怨恨。等儿子长到盛壮成人，而他供养父母的又很少，父母就生气地责备他。儿子和父亲的关系是最亲的，可是也有责怪和怨恨的情况，这都是存着要别人帮助的念头，而不在自立上周密地考虑的缘故。

评　析

父母和子女既要互相关心，互相帮助；又要尽可能地发挥自己的能力，克服单纯依赖思想。只有这样，才不致相互责怪或相互怨恨。

母之爱子也倍父，父令之行于子者十母。……故母厚爱处，子多败，推爱也。父薄爱教笞，子多善，用严也。

——《韩非子·六反》

译　文

母亲比父亲更加倍地疼爱子女，但子女执行父亲的命令，超过母亲的十倍。……所以母亲过分疼爱，子女多数败坏，这是一味推行爱心的结果。父亲爱心薄而且严加管教，则子女多数学好，这是因为采用了严厉的方法。

评　析

父母疼爱自己的儿女，这本是人的天性。但是当儿女尚未成人时，其理智一般都比较脆弱，过分的溺爱往往会使其腐化堕落。所以，适当的管教是非常必要的。

夫富家之爱子，财货足用。财货足用则轻用，轻用则侈泰；[1]亲爱之则不忍，不忍则骄恣。侈泰则家贫，骄恣则行暴。此虽财用足而爱厚，轻利之患也。[2]凡人之生也，财用足则堕于用力，上治懦则肆于为非。

——《韩非子·六反》

注　释

①侈泰：奢侈。

②利："刑"之误。

译　文

富裕之家疼爱子女，钱财物资足供其使用。钱财物资足够使用就会轻易乱用，轻易乱用就会奢侈无度；再加上亲近疼爱他又不忍心管教，不忍心管教就会使其骄横放纵。奢侈无度就会使家道贫空，骄横放纵则行为就会残暴。这样，虽说钱财物资充足而爱心深厚，却养成了轻视刑罚的毛病。大凡人生在世，钱财物资充足就懒得用力，在上者治理软弱就会放纵作乱。

评　析

孟子说过："生于忧患，死于安乐。"浮华的生活很容易使一个人变得骄横放纵、奢侈无度，而忘却生活的艰难。这在教育子女时尤其应当小心。要对其啬于施钱，严加管束，引导他树立健康的价值观念。养尊处优，挥霍无度，这不是疼爱子女的方法，到头来只会害了他。

孝子之事父也，非竞取父之家也。

——《韩非子·忠孝》

译　文

孝子侍奉父亲，并不是要争取父亲的家业。

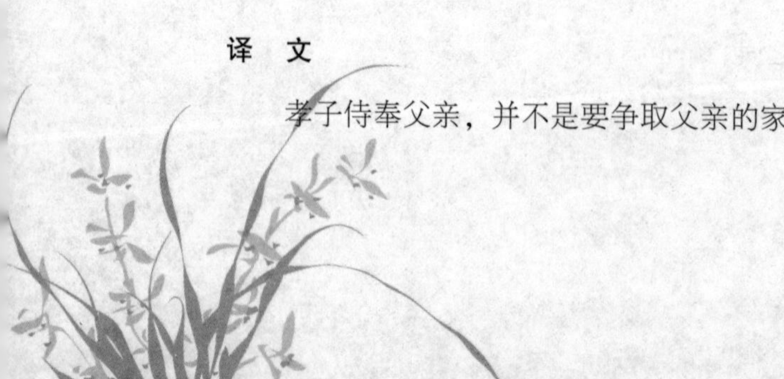

评　析

人的存在价值并不只在于他得到了多少，更要看他付出了多少。父子亲情，尤其不能用金钱作为联系的纽带。当今社会有些做儿女的，挖空心思算计父母，并以之为能事。其实这正好显示了他们的无能和无知。人的天伦之乐，金钱怎么能取代呢？

《吕氏春秋》二篇

简　介

《吕氏春秋》相传是吕不韦及其门人所撰。

吕不韦（约前290—前235），卫国濮阳人。秦庄襄王时，被封为丞相、文信侯。秦始皇执政后，尊他为相国，号称“仲父”。后被免职，继而流放四川，于途中被迫自杀。他组织编写的《吕氏春秋》一书，是对先秦思想文化的总结。

尊师（节）

且天生人也，而使其耳可以闻，不学，其闻不若聋；使其目可以见。不学，其见不若盲；使其口可以言，不学，其言不若爽[①]。

——《吕氏春秋·孟夏纪》

注　释

①爽：“喑”之误。刘向《新序》“爽”作“喑”。喑(yīn)：哑。

译　文

老天创造了人，让他的耳朵可以听，不学习，他的听力还不如聋子；让他的眼睛可以看，不学习，他的视力还不如瞎子；让他的口可以说，不学习，他的言谈还不如哑巴。

评　析

后天的努力是一个人成长的关键，学习对人尤其重要。先天的资质和条件无论多好，也要依赖于后天的努力才能使一个人获得进步，逐渐走向成熟。

精通（节）

故父母之于子也，子之于父母也，一体而两分，同气而异息，若草莽之有华实也，若树木之有根心也，虽异处而相通。

——《吕氏春秋·季秋纪》

译　文

所以父母对于儿子来说，儿子对于父母来说，都是同一身体的两个部分，是同一口气的不同呼吸，像草木有花和果，像树木有根和心，虽然位置不同却是相通的。

评　析

骨肉之情是人生的根本。父母和儿女有着密切的联系。孩子小的时候生活不能自立，做父母的百般辛苦将其抚养。待到父母年迈体弱的时候，儿女也应当对其体贴孝敬。鸟兽犹知报答养育之恩，况于人乎？

《礼记·曲礼》（节）

简　介

《礼记》是战国秦汉间有关“礼”的文章结集。所谓“记”，就是对经文（《仪礼》的解释、说明和补充，非一人一时之作。后经淘汰，到了西汉，便形成了85篇和49篇的两种版本，前者据说是戴德编定，故称《大戴礼记》，后者据说是戴圣编定，称《小戴礼记》。今“十三经”所收为《小戴礼记》。

《礼记》一书，据《汉书·艺文志》说是“七十子后学所记”，故其中包含有丰富的儒家思想史料。其中的《大学》、《中庸》二篇，曾被朱熹辑入“四书”。

谋于长者，必操几，杖以从之。长者问，不辞让而对①，

非礼也。

凡为人子之礼，冬温而夏凊[②]，昏定而晨省[③]。在丑夷不争[④]。

夫为人子者，三赐不及车马[⑤]，故州闾乡党称其孝也[⑥]，兄弟亲戚称其慈也，僚友称其弟也，执友称其仁也，交游称其信也[⑦]。

见父之执[⑧]，不谓之进[⑨]，不敢进；不谓之退，不敢退；不问，不敢对。此孝子之行也。

夫为人子者，出必告，反必面[⑩]；所游必有常[⑪]，所习必有业[⑫]；恒言不称老。年长以倍，则父事之[⑬]。十年以长，则兄事之。五年以长，则肩随之[⑭]。

——《礼记》

注　释

①对：回答。

②冬温而夏凊：冬使父母温暖而夏使父母清凉。

③昏定：黄昏时问候父母让其安定。晨省（xǐng）：早晨探问父母安康。

④丑夷：丑，同类；夷，平等。合指众人。

⑤及：达到。

⑥州闾：二十五家为闾。此州闾指州县。乡党，乡中的族人。

⑦交游：交往的朋友。

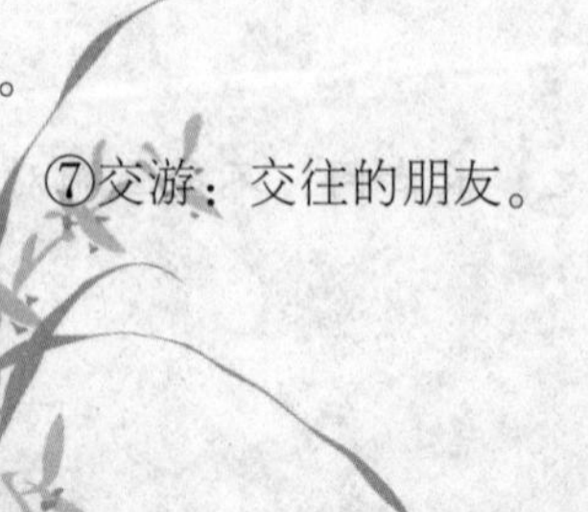

⑧父执：父亲朋友、同辈。

⑨谓：命。进：近前。

⑩反：同“返”。面：面见父母。

⑪常：固定。

⑫业：专业。

⑬父事之：以侍父之礼侍之。

⑭肩随之：并行而稍退。

译　文

与年长的人议事，必须拿着木杖以随从他。长者问话，不辞让一番就回答，是不礼貌的。

作为子女的礼节，冬天要使父母温暖，夏日要使父母清凉，晚上问安，早晨探望。在众人之中不争强好胜。

作为子女，多次被赏赐也不能接受乘坐车马的待遇，所以州郡乡亲都称赞他孝顺，兄弟亲戚称赞他慈爱，同事称他恭敬，朋友称他仁义，所交往的人称他可信。

见到父亲的同辈、朋友，不让近前，就不能近前；不叫退下，不敢退下；不问话，不敢随便答话。这是孝子的行事。

作为子女，出门必定告诉父母，回来必定面见父母；出游要有一定之地，学习要有一定的专业；平常说话不自称老。年龄长自己一倍的，就待如父辈。长自己 10 岁以上的，就待如兄长。长自己 5 岁以上的，就并行而稍稍退让。

评　析

《礼记·曲礼》篇比较系统地阐述了中国古代的礼教思想，而其核心又不外乎“孝”。围绕“孝”的观念，《曲礼》规定了许多家庭伦理、家庭礼仪的细枝末节。虽然其中有很多观念带有浓厚的封建礼教色彩，但也不乏铸成中华礼仪之邦的精华成分。尤其那些教育子女礼貌敬让的观点，对于家庭和谐、邻里和睦，处理人际关系，都是十分有益的。

韩婴《孟母教子三事》

简　介

《韩诗外传》的作者为西汉韩婴。《汉书·儒林传》云："韩婴，燕（今河北北部）人也，（汉）孝文时为博士，景帝时至常山太傅。婴推诗人之意而作《外传》数万言，其语颇与齐鲁间殊。"据后人的研究，《韩诗外传》是引《诗》以证事，而非引事以明《诗》，故或谓其书无关《诗》义。但它记录了不少古代的故事和传说，也表达了作者的某些观点。

孟子少时诵，其母方织，孟子辍然中止，乃复进[①]。其母知其喧也[②]，呼而问之曰："何为中止？"对曰："有所失，复得[③]。"其母引刀裂其织，以此诫之。自是之后，孟子不复

喧矣。

——《韩诗外传》卷九第一章

孟子少时，东家杀豚，孟子问其母曰：“东家杀豚何为？”母曰：“欲啖汝④。”其母自悔失言，曰：“吾怀妊是子，席不正不坐，割不正不食⑤，胎教之也。今适有知而欺之⑥，是教之不信也。”乃买东家豚肉以食之，明不欺也。

——《韩诗外传》卷九第一章

孟子妻独居，踞⑦。孟子入户视之，白其母曰：“妇无礼，请去之。”母曰：“何也？”曰：“踞。”其母曰：“何知之？”孟子曰：“我亲见之。”母曰：“乃汝无礼也，非妇无礼。《礼》不云乎：‘将入门，问孰存；将上堂，声必扬；将入户，视必下。’不掩人不备也⑧。今汝往燕私之处⑨，入户不有声，令人踞而视之，是汝之无礼也，非妇无礼也。”于是孟子自责，不敢去妇。

——《韩诗外传》卷九第十七章

注　释

①复进：继续进行诵读。

②喧（xuān）：同“谖”，忘。

③有所失：有的地方忘掉了。复得：又想了起来。

④啖（dàn）：吃。

⑤割：切割食物。

⑥适有知：刚刚懂事。

⑦踞（jù）：蹲坐。古人认为是一种不雅的姿势。

⑧掩：乘。

⑨燕私之处：私下居住之处。

译　文

孟子小时候背诵书，他的母亲正在织布。孟子突然停下来，后又继续背诵。他母亲知道他是忘记了，叫他来问道："为什么停下了呢？"孟子回答说："有的地方忘了，又记起来了。"他母亲于是拿起刀将所织的布割断，用这种方式来教训他。从此以后，孟子背书不再忘了。

孟子小时候，邻居家杀猪，孟子问他母亲说："东家杀猪干什么？"母亲说："想给你吃。"他母亲后悔自己说错了话，说："我怀着这个孩子时，席子不端正不敢坐下来，切的东西不端正不吃，是胎教他。现在他刚刚懂事又欺骗他，这是在教他不守信呀。"于是便买来东家的猪肉给他吃，以表示不骗他。

孟子的妻子一个人在房里，蹲坐着。孟子进门见到了，告诉他母亲说："媳妇无礼，请让我休掉她。"母亲问："为什么？"孟子说："她蹲坐。"母亲说："你是怎么知道的呢？"孟子说："我亲眼看见的。"母亲说："这是你的无礼，不是你媳妇无礼。古《礼》说：'将要进门，先问谁在；将要上堂，必先发出声音；将要入室，目光必要下视。'这是不乘人不备的意思。现在你去私居之处，进门没有发出声音，让别人蹲坐的姿势被发现，这是你的无礼，不是你媳妇无礼。”于是孟子转而责备自己，不敢休妻了。

评　析

关于孟母教子的故事，古书多有记载，而以《韩诗外传》所记为最早、最详。此书所记三事与《列女传》所记“迁居”事，不但为研究孟子早年事迹的可贵资料，也是古代家教的典范事例。孟母督子力学，处处注意培养儿子的优秀品德，并教子明辨是非，这些都是值得后人学习的。当然，具体方法家长们可以因时因地而异，不一定完全模仿孟母。

孔臧《诫子书》

简　介

孔臧，生卒年不详，孔子十一代孙，西汉经学家孔安国从兄。汉文帝九年嗣封蓼侯，汉武时为太常，后因罪免职。

顷来闻汝与诸友讲肄书传[①]，孜孜昼夜[②]，衎衎不怠[③]，善矣！人之进退，唯问其志。取必以渐[④]，勤则得多。山霤至柔[⑤]，石为之穿；蝎虫至弱[⑥]，木为之弊。夫霤非石之凿，蝎非木之钻，然而能以微脆之形，陷坚刚之体，岂非积渐之致乎？训曰："学徒知之未可多，履而行之乃足佳。"故学者所以饰百行也[⑦]。

侍中子国[⑧]，明达渊博，雅学绝伦，言不及利，行不欺名，动遵礼法，少小长操。故虽与群臣并参侍，见待崇礼，不供亵事，独得掌御唾壶，朝廷之士莫不荣之⑨。此汝亲所见。《诗》不云乎：“毋念尔祖，聿修厥德⑩。”又曰：“操斧伐柯，其则不远⑪。”远则尼父，近则子国。于以立身，其庶矣乎⑫！

——《孔丛子》

注　释

①顷来：近来。肄：学习，练习。书传：儒家经书和儒者对它们的诠释。

②孜孜昼夜：白天黑夜都不疲倦。孜孜：不倦的样子，《全汉文》作“滋滋”。

③衎衎（kàn）：和乐的样子。

④渐：逐渐。

⑤山霤（liù）至柔：山间滴水最为柔弱。《汉书·枚乘传》：“泰山之霤穿石。”

⑥蝎虫至弱：木中蠹虫最为弱小。

⑦饰：《文选》颜延之秋胡诗注作“饬”，整治的意思。

⑧子国：西汉著名经学家孔安国的字。他当过侍中、谏议大夫、临淮太守等官。曾受《诗经》于申公，受《尚书》于伏生，以研究《尚书》为武帝博士。

⑨朝迁之士莫不荣之：汉代的侍中掌管皇帝的车骑、服装乃至尿器。由于孔安国是儒者，所以汉武帝特别照顾他，只让他掌汉武帝用的痰盂，而不管尿器，此即为“不供亵事”。当

时朝廷里的人都羡慕他。

⑩毋念尔祖，聿（yù）修厥德：这是《诗经·大雅·文王》中的诗句，意思是说，可不念及你的祖先，继续修炼你的品德。

⑪操斧伐柯，其则不远：这是《诗经·豳风·伐柯》中的诗句。意思是说，用斧头去砍伐斧柄，尺寸可以比照旧的斧柄。《诗经》原句是：“伐柯伐柯，其则不远。”

⑫庶：差不多。

译　文

最近听说你同各位朋友讲论儒家经典，不分昼夜，孜孜不倦，乐此不疲，这太好了！一个人的进退，只看他的志向如何。要想有所收获，必须逐渐努力，勤奋则收获更多。山间滴水极为柔弱，但它却能穿透石头；木中蠹虫极为弱小，但它却能蛀坏木料。滴水并非凿石头用的凿子，蠹虫并非钻木头用的钻子，它们之所以能够以微小、脆弱的形体征服坚固、刚硬的东西，岂不是持之以恒的缘故？古训说：“空洞的学问不必掌握得太多，把这些学问付诸行动才是最可贵的。”所以学习的目的就是为了整治、约束人的行为。

你的叔叔孔安国，聪明通达，知识渊博，学问超人，言语不带“利”字，行为不欺世盗名，动静必遵礼法，不论在大人还是小孩面前，都显得很有操守，所以虽与群臣一起侍奉皇帝，但他受到崇高的礼遇，不干特别下贱的事。他一个人为皇帝掌管唾壶，朝廷之士莫不以之为荣。这是你亲眼所见的。《诗经》上不是说：“可不念及你的祖先，继续修炼你的品德。”还说：“用斧头去砍伐斧柄，尺寸可以比照旧的斧柄。”远的例子是孔子，近的例子是你叔叔孔安国。你果能以他们为立身行事的榜样，也就差不多了。

评　析

“绳锯木断，滴水石穿”，力量虽小，只要坚持不懈，日积月累，就能功到自然成。孔臧写给其子孔琳的这篇训辞，讲的便是这个道理。它用“山霤至柔，石为之穿；蝎虫至弱，木为之弊”这两种自然现象来说明只有不断学习，才能有所收获。而“取必以渐，勤则得多”则是这篇家训的上旨。最后孔臧还为儿子树立了两个学习的榜样：一位是我国历史上伟大的思想家、教育家、政治家孔子；另一位是孔琳的叔叔、西汉著名经学家孔安国。孔臧这种既取譬说理、循循善诱，又树立榜样，鼓励儿子学习的家教方法，很值得后人借鉴。

马援《戒兄子严、敦书》

简介

马援（前14—49），字文渊，东汉初扶风茂陵（今陕西兴平东北）人。新莽末，为新城大尹（汉中太守）。后依附割据陇西的隗嚣，继归刘秀，协助光武帝攻破隗嚣。建武十一年（35年）任陇西太守，率军征伐先零羌，肃清陇右。建武十七年（41年）平交阯，立铜柱表功而还，拜伏波将军，封新息侯。后在进击武陵“五溪蛮”时，病死军中。他曾在西北养马，得专家传授，发展了相马法，著有《铜马相法》。平生多豪言壮语，如“大丈夫为志穷当益坚，老当益壮”，“男儿要死于边野，以马革裹尸还葬”，常为后世传诵。

吾欲汝曹闻人过失，如闻父母之名，耳可得闻，口不可得

言也[①]。好议论人长短，妄是非正法[②]，此吾所大恶也，宁死不愿闻子孙有此行也。汝曹知吾恶之甚矣，所以复言者，施衿结缡[③]，申父母之戒，欲使汝曹不忘之耳。

龙伯高敦厚周慎[④]，口无择言[⑤]，谦约节俭，廉公有威[⑥]，吾爱之重之，愿汝曹效之[⑦]。杜季良豪侠好义[⑧]，忧人之忧，乐人之乐，清浊无所失[⑨]，父丧致客，数郡毕至，吾爱之重之，不愿汝曹效也。效伯高不得，犹为谨敕之士[⑩]，所谓“刻鹄不成尚类鹜”者也[⑪]；效季良不得，陷为天下轻薄子，所谓“画虎不成反类狗”者也[⑫]。讫今季良尚未可知，郡将下车辄切齿[⑬]，州郡以为言[⑭]，吾常为寒心，是以不愿子孙效也。

——《后汉书·马援传》

注　释

①耳可得闻，口不可得言：耳朵可以听，但嘴不可以说。古代子女不能直呼父母之名。

②是非正法：肯定或否定国家的政治法令。正：同“政”。法：法律。

③施衿（jīn）结缡（lí）：指女子出嫁。衿：即缨，一种彩色丝带，女子出嫁时所系。缡：即帨，古时女子出嫁所系的佩巾。古时女子出嫁时，母亲给她系上彩带，结上佩巾，并有叮咛。

④龙伯高：名述，京兆（治所在今陕西省西安市西北）

人。初为山都（治所在今湖北省襄阳西北）长，光武帝刘秀看到马援给兄子严、敦的信后，认为他德高望重，提升他为零陵郡（治所在今湖南省零陵）太守。

⑤口无择言：口中没有需要选择的话，即不会乱说。

⑥廉公有威：因廉洁公正而享有威望。

⑦效：仿效，学习。

⑧杜季良：东汉京兆人，名保。光武帝时，官至越骑司马。后有人上书光武帝，告他“行为浮薄，乱群惑众”，遂被免官。

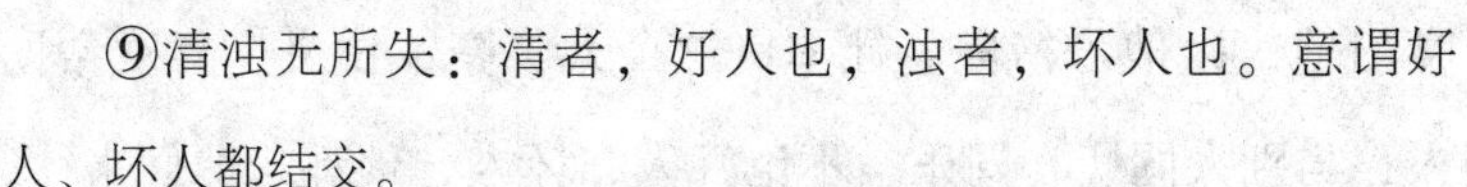

⑨清浊无所失：清者，好人也，浊者，坏人也。意谓好人、坏人都结交。

⑩谨敕（chì）之士：谨慎自诫的人。

⑪刻鹄（hú）不成尚类鹜：刻天鹅刻不好还能像只鸭。鹄：天鹅。鹜：鸭子。

⑫画虎不成反类狗：画老虎画不好反而像只狗。比喻学别人的样子学不好，反倒被人笑话。

⑬郡将：即郡守，一郡的长官。汉代郡守都兼管军事，故称郡守为郡将。下车辄切齿：郡守到任后，对杜季良恨得咬牙切齿。

⑭州郡以为言：州郡都把杜季良作为谈资。州郡：古代地方行政区域名称，汉时由州管郡。

译　文

我希望你们听到别人的过失时，就像听自己父母的名字：可以耳听但不可口呼。喜欢议论别人的长短，对国家政策法令妄加褒贬，这是我最厌恶的事，我宁愿死去也不愿听说子孙有此种行为。你们平时是知道我的这一态度的，我现在之所以要重提此事，正像女子出嫁时，母亲为她系彩带、结佩巾时反复告诫她一样，是想使你们不要忘记。

龙伯高这个人，为人忠厚、周密、谨慎，嘴不乱讲话，谦虚节俭，廉洁奉公，很有威望。我喜爱他，敬重他，希望你们学习他，以他为榜样。杜季良这个人，豪侠仗义，喜欢帮助人，与别人同忧、同乐，不论好人、坏人，他都与他们来往，所以他父亲死时请客，附近几个郡的人都来吊丧。对这个人，我也喜爱他，敬重他，但却不希望你们效仿他。学习龙伯高，即使学不好，还不失为一个谨慎、严正的人，所谓刻天鹅刻不好还能像只鸭；效仿杜季良，如果效仿不成功，反倒变成天下出名的轻薄人，所谓画虎画不好反而像只狗。到如今杜季良的结局还不可知，每逢郡里来位新太守，都把他恨得咬牙切齿。州郡里的人都说他的闲话，我常为他寒心，所以不希望我家子孙效仿他。

评　析

本篇是马援写给两个侄儿马严、马敦的一封书信。在信中，马援根据自己过去的经历，阐述了为人处世的原则。马严、马敦都存在着两个明显的缺点：喜欢讥笑、非议别人；与轻薄的侠客过从甚密。针对这种情况，马援告诫两位侄儿不要对别人妄加议论，不要对时政妄加褒贬，要他们像龙伯高那样，为人周密、谨慎，守口如瓶；还告诫他们不要效法杜季良，不要与他这样的轻薄人来往。前一告诫的核心是要两个侄儿慎言语，后一告诫的核心是要两个侄儿慎交友。

《白虎通德论》二篇

简　介

《白虎通德论》又名《白虎通义》或《白虎通》。东汉章帝刘炟（dá）于建初四年（79年）十一月壬戌下诏，召集学者会聚白虎观，讨论“五经”同异。会后，命班固纂辑讨论结果，集成一书，遂名之为《白虎通德论》。

《白虎通德论》共10卷、43篇，汇集了汉代人们对于社稷、礼乐、耕桑、宗族、嫁娶等方面的认识和看法，对研究汉代的自然现象、社会状况、民风民俗和思想观念有很重要的价值。

三纲六纪（节）

父子者何谓也？父者矩也，以法度教子。

谓之兄弟何？兄者况也，况父法也。弟者悌也，心顺行笃也。

——《白虎通德论》

译　文

父子，为什么要这样称呼呢？父亲，就是规矩，用法度来教育子女。

称为“兄弟”是什么意思？兄，就是“况”，表现出父亲的法度。弟，就是“悌”，心底恭顺、行为笃厚。

评　析

《白虎通德论·三纲六纪》篇讲论称谓的含意，虽不免有牵附之处，但却真实地反映了汉代儒家对家庭伦理道德的正统观念。所谓“父者，矩也”、“兄者，况也”、“弟者、悌也”，便是汉儒对家庭伦理关系的理解。当然，这种看法也并非没有可取之处。例如，他们要求父亲应为子女树立学习的榜样，兄长要能亲自示范父亲的法度并以此教育弟幼，弟幼对兄长要恭顺敬爱、笃厚诚实。这些，倘能注入新的符合时代要求的内容，也应不失为今日家庭关系的一种准则。

姓名（节）

人所以有姓者何？所以崇恩爱、厚亲亲、远禽兽、别婚姻也[①]。故世别类[②]，使生相爱、死相哀，同姓不得相娶，皆为重人伦也。

人必有名何？所以吐情自纪[③]，尊事人者也。

——《白虎通德论》

注　释

①崇恩爱、厚亲亲、远禽兽、别婚姻：姓是用来使人们崇尚恩爱、厚待同姓亲友、远离于禽兽之境并区别婚姻的。

②故世：已故者。别类：别支。

③吐情自纪：吐露生的情形以自为纪念。

译　文

人为何要有姓？这是为了教人崇尚恩爱、厚待亲戚，远离禽兽、区别婚姻。让那些故世的、旁支的同族之人，活着互相亲爱、死而互相哀悼，同姓不能相娶。这些都是为了重视人伦道德。

人一定要有名是为什么呢？名是用来表达实情以为自己永久纪念。并让人敬重的。

评　析

《白虎通德论·姓名》篇对于姓、氏、名、字等有一整套说法，这里仅选了有关姓、名的片段。可以看出，古人对于

“姓”非常重视，所谓“崇恩爱”、“厚亲亲”，“远禽兽”、“别婚姻”，便是对“姓”的作用的高度概括。尤其是“别婚姻”(即同姓不通婚)一条，对中华民族的繁衍起到了积极的作用，极富优生学的意义。而人的名字，既然是出生的记录和纪念，并广泛用于社交，则父母在命名时亦不可不慎。

《诸葛亮集》三篇

简 介

诸葛亮（181—234），三国蜀汉政治家、军事家、谋略家。字孔阳，琅邪阳都（今山东沂南县）人。东汉末，隐居邓县隆中（今湖北襄阳西），留心世事，被称为“卧龙”。建安十二年(207年)，刘备三顾茅庐，诸葛亮向刘备提出了著名的“隆中对”。嗣后辅佐刘备，经过长期转战建立了蜀汉政权。刘备称帝后，拜他为丞相。建兴元年（223年）刘禅继位，封诸葛亮为武乡侯，领益州牧，政事无论大小，都由他决断。诸葛亮当政期间，励精图治，赏罚严明，推行屯田政策，并改善和西南各族的关系，有利于当地经济、文化的发展。他曾五次领兵攻魏，争夺中原，后于建兴十二年（234年）病死在五丈原（今陕西郿县西南）军中。著有《诸葛亮集》。

诫子书

夫君子之行①，静以修身②，俭以养德③，非澹泊无以明志④，非宁静无以致远⑤。夫学须静也，才须学也，非学无以广才，非志无以成学。淫慢则不能励精⑥，险躁则不能冶性⑦。年与时驰，意与日去，遂成枯落，多不接世⑧。悲守穷庐⑨，将复何及！

——《诸葛亮集》

注　释

①君子：本为对统治者和贵族男子的称呼，后来泛指有才德的人。行：行为，行动。

②静：安静，引申为精神贯注专一。修身：修养身心。

③俭：节约。养德：提高道德修养。

④澹泊：恬静寡欲。《汉书·杨雄传》：“且人君以玄默为神，澹泊为德。”明志：使志明，意即使志向清白、高洁。

⑤致远：到达远处。

⑥淫慢：放纵散漫。淫：过度，放纵。慢：懈怠。励精：振奋精神。励：奋勉。

⑦险躁：急于求成。险：险阻之地，引申为偏激。躁：浮躁，急躁。冶性：陶冶性情。

⑧接世：用世。

⑨穷庐：破旧的房尾，引申为贫困之家。

译　文

品德高尚的人，总是保持宁静以修身养性，注意节俭以培养美好的品德。不是恬淡寡欲便无法使志向明确，不是心境明静便无法考虑深远。学习要靠心静，才能要靠学习。不学习无从增长才干，不立志无从成就学业。放纵、散漫就不能振奋精神，偏激、浮躁就无法陶冶性情。年纪随着时光流逝而增长，意志也日渐消沉，于是，最终像黄叶一样枯落，大多不能为世所用。到头来悲怆地守着穷家，后悔也将来不及了。

评　析

从本篇家书可以看出，诸葛亮非常希望儿子能够成为一个具有高尚品德、远大志向和真才实学的人。在文中，诸葛亮将德育和智育看成相互联系的统一体，提出不修养品德，就没有远大的志向；没有远大的志向，就不能勤奋学习；不勤奋学习，就不会有出色的才干。反之，追求安乐，涣散意志，学不到用世的才能，随着年华的流逝，终成穷酸。这篇短文的内容是多方面的，但它的核心却是一个“静”字。对于好动的青少年来说，对此深入体会，定会大有裨益。

又诫子书

夫酒之设，合礼致情，适体归性，礼终而退，此和之至也。主意未殚①，宾有余倦②，可以至醉③，无致迷乱。

——《诸葛亮集》

注　释

①殚：竭尽。

②余倦：没有到疲倦的时候。

③至醉：尽醉，大醉。至：大。《战国策·秦策》：“商君治秦，法令至行。”

译　文

设酒宴客，目的是为了合乎礼节，交流感情，使身心舒适，恢复人之本性。酒宴完毕，客人散去，这是最大的和谐、快乐啊！如果主人的酒意未尽，客人也没到疲倦的程度，可以尽兴喝醉，但不要到神志不清的地步。

评　析

以酒宴客是中华民族的习俗。适量饮酒既可健身，又能促进人际关系的和谐。反之，则会造成危害。现今的一些青年人往往放纵不羁，贪杯酗酒，甚至酿成种种不幸。诸葛亮告诫儿

子在酒宴上要注意节制，不能喝得昏天黑地，这一原则对今天的青年人仍是适用的。

诫外甥书

夫志当存高远，慕先贤①，绝情欲②，弃疑滞③，使庶几之志④，揭然有所存⑤，恻然有所感⑥；忍屈伸，去细碎，广咨问，除嫌吝⑦，虽有淹留⑧，何损于美趣，何患于不济。若志不强毅，意不慷慨，徒碌碌滞于俗⑨，默默束于情，永窜伏于凡庸，不免于下流矣！

——《诸葛亮集》

注　释

①先贤：古代的贤人。

②情欲：各种欲望、欲念。

③疑滞：各种障碍。

④庶几：《易·系辞下》："颜氏之子，其殆庶几乎。"《正义》："言圣人知几，颜于亚圣，未能知几，但殆近庶慕而已。"几：微也。知几即察微。后遂以庶几指好学而可以成材的人。汉王充《论衡·别通》："夫孔子之门，讲习五经，五经皆习，庶几之林也。"

⑤揭然：昭然若揭。揭：揭开，掀起。《诗经·邶风·匏有苦叶》："深则厉，浅则揭。"

⑥恻然：悲伤、哀痛貌。

⑦嫌吝：嫌隙、悭吝。

⑧淹留：滞留，停留。指暂时不能升迁。

⑨碌碌：平庸无能。

译　文

一个人的志向应当高尚、远大，追慕古代贤人，断绝内心的欲望，弃去一切疑惑障碍，使自己高尚的志向长存于心中，无所隐晦，诚恳地让人感觉到；还应该能屈能伸，摆脱掉琐碎的细事，广泛地向人请教，消除一切嫌隙和悭吝。果能如此，即使有时会遇到些挫折，于自己美好、高雅的志趣又有什么损失呢？又何愁理想不能实现呢？如果志向不坚强刚毅，意气不激昂慷慨，只是庸庸碌碌地沉溺于物欲，默默无闻地被俗情所束缚，那就将永远处于凡庸的地位，甚至不免要沦落到下等人的地步了！

评　析

据习凿齿《襄阳记》，诸葛亮有一小姊嫁与庞德公之子山民。山民为魏黄门吏部郎，早死。山民之子庞涣，字世文，晋太康年间任牂柯太守。此信或即写给庞涣的。诸葛亮在给外甥的书信中，主要谈了如何才能实现自己志向的问题。一个人树立高尚，远大的志向并不难，难的是如何以实际行动使这种志向变成现实。诸葛亮认为，“绝情欲”、“忍屈伸”、“去细碎”、“广咨问”、“除嫌吝”等项乃是实现远大志向的关键。

羊祜《诫子书》

简　介

羊祜（221—278），字叔子，西晋泰山南城（今山东费县西南）人。魏末任相国从事中郎，参与司马昭的机密。晋武帝（司马炎）伐魏后，与他筹划灭吴。泰始五年（269年），羊祜以尚书左仆射都督荆州诸军事，出镇襄阳。他在镇10年，开屯田，储军粮，作一举灭吴的准备。他采取睦邻方略，轻裘缓带，身不披甲，与吴将陆抗互通使节，各保分界。一次派人送酒与陆抗，陆抗受之不疑。部下进谏，陆抗说："哪有用计鸩人的羊叔子呢？"羊祜官至征南大将军，在晋武帝决定出兵伐吴后病死。临终，举杜预自代。

吾少受先君之教①。能言之年，便召以典文；年九岁，便

诲以《诗》、《书》，然尚无乡人之称，无清异之名。今之职位，谬恩之加耳[②]，非吾力所能致也。吾不如先君远矣！汝等复不如吾。咨度弘伟[③]，恐汝兄弟未之能也；奇异独达，察汝等将无分也。恭为德首，慎为行基，愿汝等言则忠信，行则笃敬，无口许人以财，无传不经之谈，无听毁誉之语。闻人之过，耳可得受，口不得宣，思而后动。若言行无信，身受大谤[④]，自入刑论[⑤]，岂复惜汝？耻及祖考[⑥]。思乃父言[⑦]，纂乃父教[⑧]，各讽诵之！

——《全晋文》

注　释

①先君：父亲。

②谬恩之加：错加恩典。

③咨度：筹谋。

④大谤：严重的责难与非议。

⑤自入刑论：自然会受到刑法审判。

⑥耻及祖考：先辈也连累受耻。

⑦乃父：你们的父亲。

⑧纂：集。

译　文

我从小受到父亲的教育，能说话的年龄便被召去掌管文书；9岁时，父亲教我学习《诗经》、《尚书》。但还没有得到本乡人的称赞，还没有获得清高、特异的名声。我现在的职位，是皇上错加恩典的结果，并不是我本人所具有的才力能够达到的。我远不如先父，你们又不如我。深思远虑，筹谋大计，恐怕你们兄弟没有这种能力；以奇才异能、特立独行超出一般人，我看你们也没有这种天赋。恭敬是最重要的一种品德，谨慎小心是行事的基础。希望你们说话诚实可信，行为踏实庄重，不要空口许人钱财，不要传播没有根据的话，不听毁坏他人声誉的话。如果听到别人的过失，耳朵听进去就行了，说话不要讲出来，凡事都要经过思考再付诸行动。如果说话、做事不讲信用，受到别人的严厉指责，以至被刑法审判，难道谁还会怜惜你们？而且，连祖宗也会蒙受耻辱。认真思考你们父亲说的话，记住你们父亲的教诲，各人都要背诵出来。

评　析

汉代大科学家张衡说："君子不患位之不尊，而患德之不崇；不耻禄之不夥（多、丰），而耻知之不博。"每个人都希望位尊、禄厚，但还有比尊位、厚禄更重要、更珍贵的东西——德行。羊祜在《诫子书》中所谆谆告诫儿子的，便是德行修养。他不仅谈了德行修养的重要性。而且还提出了一系列具体要求：要恭敬，要谨慎，要庄重，不要传播无根据的活，不要妄议他人的过失，等等。这些观点和主张在今天仍未过时，仍可作为为人处事的参考。

徐勉《诫子崧书》

简　介

徐勉（466—535），字修仁，南北朝时梁东海郯（今江苏镇江市）人，是南梁的政治家和文学家。历任吏部尚书、左卫将军、尚书右仆射、侍中、中书令等职。他居官清廉，勤于政事，不徇私情。著有《会林》等50卷，还为人作章表集10卷。死后谥简肃公。

吾家世清廉，故常居贫素。至于产业之事，所未尝言，非直不经营而已。薄躬遭逢[1]，遂至今日。尊官厚禄，可谓备之。每念叨窃若斯，岂由才致，仰藉先代风范及以福庆，故臻此耳。古人所谓“以清白遗子孙，不亦厚乎。”[2]又云：“遗子黄金满籝，不如一经。”[3]详求此言，信非徒语。吾虽不敏，实有本志，庶得遵奉斯义，不敢坠失。所以显贵以来，将三十载，门人故旧，亟荐便宜，或使创辟田园，或劝兴立邸店[4]，又欲舳舻运致[5]，亦令货殖聚敛[6]。若此众事，皆距而不纳。非谓拔葵去织[7]，且欲省息纷纭[8]。……自兹以后，吾不复言及田事，汝亦勿复与吾言之。……《记》云[9]：“夫孝者，善继人之志，善述人之事。”今且望汝全吾此志，则无所恨矣。

——《梁书·徐勉传》

注 释

①薄躬遭逢：以微薄之身遇到。

②东汉杨震语。杨震，字伯起，通晓欧阳《尚书》，被学者称为“关西孔子杨伯起”。后经大将军邓骘推荐，当了荆州刺史、东莱太守。他为官公正廉洁，子孙都吃蔬菜、饭食，不乘车马。他当涿郡太守时，有些老朋友想替他置家产，他婉言谢绝，说道：“让我的后代被称做清白官吏的子孙，把这样的名声留给他们，不也是一笔很厚的产业吗？”

③此语见《汉书·韦贤传》。籯（yíng）：竹笼。

④邸（dǐ）店：古代城市中供客商堆货、寓居、进行交易的行栈。东晋南朝时已有，隋唐时更多。

⑤舳舻（zhú lú）：舳者，船后也；舻者，船头也。二者连用，言其船多，首尾相连。

⑥货殖聚敛：经商赚钱。

⑦拔葵去织：春秋时，鲁国的公仪休相鲁，为了不与民争利，见其妻织帛，怒而出其妻，又拔去园中之葵，说："吾已食禄，又夺园夫红女利乎！"后遂以拔葵去织喻居官者不与民争利。见《汉书·董仲舒传》。

⑧纷纭：麻烦。

⑨《礼》：指《礼记》。

译　文

我们家世代清白廉洁，所以常常过着清贫、简朴的生活。至于家产上的事，我不但未曾经营过，而且连谈都没谈过。由于遇到好机会，我才以微薄之身达到今天这样的地位。官位高，俸禄厚，两全其美。每想到之所以会有今天，哪里是由于自己的才能，而是仰仗祖先的好影响和福气才得来的。古人说："把清白留给子孙，这不是很厚的一笔遗产吗？"又说："留给子孙满满一竹笼黄金，还不如一部经书。"详细推敲一下这些古语，的确不是空话。我虽然不聪慧，但我确实有这样的志向，希望能够遵照这一志向，不敢有失。所以，居高位以来，将近三十年，门人弟子和老朋友们，屡次向我建议，或叫我买田买地，或叫我开设行栈，或叫我搞运输，或叫我经商赚钱。诸如此类的建议，我都拒绝采纳。这不是我不肯与民争利，而是想着减少一些累赘。……从今以后，我仍将不会谈论有关田产的事，你也不要再与我谈论这事。……《礼记》上说："所谓孝，就是指的善于继承父辈的志向，善于记述父辈的功业。"今天希望你成全我的这一志向，如此我便没有什么遗恨了。

评　析

是给儿女留下大笔财富，还是把清白传给他们？这是两种截然不同的爱护子女的态度。有的父母，只知道为子女积财，却不知道为他们积德，结果与自己的主观愿望相反，滋长了儿女的懒惰和骄奢，最终变成了败家子，有的还走上了犯罪道路。有的父母却与此相反，他们以清白传家，注意将美好的品德传给子女。以清白传家，这是中国古代家庭教育的优良传统，东汉的杨震就是这样做的。徐勉继承了这种做法，因而受到后人的高度赞誉。清白是古往今来最重要的德操之一，对于官员尤其如此。以清白传子孙，就是在今天也还是应该大力提倡的。

萧纲《诫子当阳公大心》①

简 介

萧纲（503—551），南北朝时南梁武帝萧衍第三子，字世缵。中大通三年（531年）被立为皇太子。549年，叛将侯景攻陷梁都建业（今南京），武帝饿死。萧纲被侯景立为帝，两年后被杀，谥简文。萧纲也是南梁的文学家，为太子时，常与文人徐摛、庾肩吾等以绮靡艳丽的词章描写上层贵族的享乐生活，时称“宫体”。原有集，已散佚，后人辑有《梁简文帝集》。

汝年时尚幼，所阙者学。可久可大②，其惟学欤！所以孔丘言：“吾尝终日不食，终夜不寝，以思，无益，不如学也。”③若使面墙而立④，沐猴而冠⑤，吾所不取。立身之道，与文章异：立身先须谨重，文章且须放荡⑥。

——《梁简文帝集》

注 释

①大心：萧纲第二子，被封为当阳县公。

②可久可大：可以持久、可大有用。

③孔子语，见《论语·卫灵公》。

④面墙而立：对着墙壁站着。意思是说，虽然距离很近，但一无所见。语见《论语·阳货》。

⑤沐猴而冠：沐猴，即猕猴。猕猴戴着帽子，似人非人。比喻本质不好，但却装扮得很好，虚有其表。

⑥且须：亦作“亦勿”。放荡：此处指生动活泼。

译 文

你年龄还小，缺乏学习。而对于一个人来说，最持久、有用的，就是学识。所以孔子说：“我曾经整天不吃饭、整夜不睡觉，去冥思苦想，结果却没有收益，不如去学习。”人不学习，犹如面对墙壁站着，一无所见，又如猴子戴帽，虚有其表，这二者都是我所不赞成的。立身行事与遣词为文的法则刚好相反：立身行事先要注意谨慎持重，写文章却必须活泼跳荡。

评　析

公子王孙，锦衣五食，养尊处优，虚有其表的多，有真才实学的少。萧纲担心自己的儿子也会成为这样的人，所以教育他不要面墙而立，沐猴而冠，应努力学习。他还引用孔子的话来说明学习的重要性，认为只苦思冥想而不读书学习是不会有什么收益的，萧纲最后还向儿子指出了立身行事与遣词为文的不同之处，留下了“立身先须谨重，文章且须放荡”的名句。做人贵谨慎持重，而作文贵有新意，贵活泼生动，这话是有道理的。

颜之推《勉学》（节）

简 介

颜之推（531—591），字介，南朝梁金陵人。史书依其祖籍，作琅邪临沂人。梁武帝中大通三年（531年）生于仕宦家庭。他从小博览群书，为文辞情并茂，因而得到梁湘东王的赏识，19岁时就被任为国左常侍。继在郢州掌管记。侯景攻陷郢州时，他一度被俘。萧绎在江陵称帝（史称元帝）后，他又投奔萧绎，为散骑侍郎，参与校订史籍。西魏军攻陷江陵后，他第二次被俘。但也不愿臣属西魏，时值黄河水涨，他冒着生命危险，挈眷乘船投奔北齐，官至黄门侍郎，577年，北齐为北周所灭，他被征为御史上士。581年，隋灭北周，他又于文帝杨坚开皇年间，被召为学士。不久以疾终。他曾自叙，“予一生而三化，备荼苦而蓼辛”，“嗟宇宙之近旷，愧无所而容身”，叹息“三为亡国之人”。

颜之推一生从未担任过教职，但他却留下了《颜氏家训》家庭教育名著。其内容之广泛，观点之深刻，实属空前。正如王诫在《读书丛残》中所评价的：“篇篇药石，言言龟鉴，凡为子弟者，可家置一册，奉为明训，不独颜氏。”《颜氏家训》是中国历史上第一部有重大价值的家训专著，对后世影响极大。

自古明王圣帝，犹须勤学，况凡庶乎[①]？此事遍于经史，吾亦不能郑重[②]，聊举近世切要，以启寤汝耳[③]。士大夫子弟[④]，数岁以上，莫不被教。多者或至《礼》、《传》，少者不失《诗》、《论》。及至冠婚[⑤]，体性稍定[⑥]，因此天机[⑦]，倍须训诱。有志尚者，遂能磨砺，以就素业[⑧]；无履立者[⑨]，自兹堕慢，便为凡人。人生在世，会当有业。农民则计量耕稼，商贾则讨论货贿[⑩]，工巧则致精器用，伎艺则沉思法术[⑪]，武夫则惯习弓马，文士则讲议经书。多见士大夫耻涉农商，羞务工伎，射则不能穿札[⑫]，笔则才记姓名，饱食醉酒，忽忽无事，以此消日，以此终年。或因家世余绪[⑬]，得一阶半级[⑭]，便自为足，全忘修学。及有凶吉大事，议论得失，蒙然张口[⑮]，如坐云雾；公私宴集，谈古赋诗，塞默低头[⑯]，欠伸而已[⑰]。有识旁观，代其入地[⑱]。何惜数年勤学，长受一生困辱哉！……

夫所以读书学问，本欲开心明目，利于行耳；未知养亲

者，欲其观古人之先意承颜，怡声下气，不惮劬劳，以致甘腝[19]，惕然渐惧，起而行之也；未知事君者，欲其观古人守职无侵，见危授命，不忘诚谏，以利社稷，恻然自念，思欲效之也；素骄奢者，欲其观古人之恭俭节用，卑以自牧[20]，礼为教本，敬者身基，瞿然自失[21]，敛容抑志也；素鄙吝者，欲其观古人之贵义轻财，少私寡欲，忌盈恶满[22]，赒穷恤匮[23]，赧然悔耻，积而能散也；素暴悍者，欲其观古人之小心黜己，齿弊舌存，含垢藏疾[24]尊贤容众，苶然沮丧[25]，若不胜衣也；素怯懦者，欲其观古人之达生委命[26]，强毅正直，立言必信，求福不回[27]；勃然奋厉，不可恐慑也……。

夫学者所以求益尔，见人读数十卷书，便自高大，凌忽长者，轻慢同列；人疾之如仇敌，恶之如鸱枭[28]。如此以学自损，不如无学也。古之学者为己，以补不足也；今之学者为人，但能说之也。古之学者为人，行道以利世也；今之学者为己，修身以求进也。夫学者犹种树也，春玩其华，秋登其实。讲论文章，春华也；修身利行，秋实也。

人生小幼，精神专利，长成以后，思虑散逸，固须早教，勿失机也。吾七岁时，诵《鲁灵光殿赋》[29]，至于今日，十年一理，犹不遗忘。二十之外，所诵经书，一月废置，便至荒芜矣。然人有坎壈[30]，失于盛年，犹当晚学，不可自弃……世人婚冠未学，便称迟暮，因循面墙[31]，亦为愚耳。幼而学者，如日出之光，老而学者，如秉烛夜行[32]，犹贤乎瞑目而无见者也……

——《颜氏家训》

注 释

①凡庶：凡者，一般人；庶者，老百姓。凡庶指一般老百姓。

②郑重：重复，频繁，连续多次。亦作认真解。

③启寤：开启、启发觉悟。

④士大夫：封建地主阶级的文人士族，或指官僚阶层。

⑤冠婚：成年结婚的年龄。

⑥体性稍定：体质和性格逐渐固定下来。

⑦天机：人的天赋灵机、灵性。

⑧素业：清素之业，此指讲议经书。

⑨履立：操行，行止，素操。

⑩贷贿：货币和财物，泛指珍宝财富。

⑪法术：旧时方士、术士、神汉、巫婆之类人物用以惑人的各种神秘手法。

⑫札：铠甲上的铁叶。

⑬家世余绪：世代仕宦之家先人所遗之功业。余绪：家业，余业。

⑭一阶半级：意即一官半职。

⑮蒙然张口：蒙然，不明状；张口，张口结舌、结结巴巴

的样子。

⑯塞默低头：默不作声地低着头。

⑰欠伸而矣：打呵欠，伸懒腰罢了。《礼仪·士相见礼》："君子欠伸。"郑玄注："志倦则欠，体倦则伸。"

⑱代其入地：替旁人惭愧，恨不得代他钻入地下。

⑲腝（ní）：嫩。

⑳卑以自牧：语出《周易·谦卦·象》，意为以谦卑的态度，修养身性。

㉑瞿然：惊变的样子。

㉒忌盈恶满：《周易·谦卦·象》："人道恶盈而好谦。"《尚书·大禹谟》："满招损，谦受益。"意思是说物极则反，盈满必转亏损。

㉓赒（zhōu）穷恤匮：救济穷困。匮：缺乏。

㉔齿弊舌存，含垢藏疾：语出《说苑·敬慎》。意思是说齿因坚硬而易毁，舌因柔弱而获存，为人当忍辱、隐恶。

㉕苶（nié）然：疲倦的样子。

㉖达生委命：通达人生，而听凭命运的安排。

㉗求福不回：语出《诗经·大雅·旱麓》。不回：意即不违于道义。回者，违也。

㉘鸱（chī）枭（xiāo）：鸱是猛禽，枭也是鸟，传说此鸟食母，古时皆以为是恶鸟。

㉙《鲁灵光殿赋》：东汉王延寿作，南朝梁萧统编选的

《文选》收有此篇。

㉚坎壈（lǎn）：穷困不得志。

㉛面墙：面对墙壁。

㉜秉烛夜行：《说苑·建本》："师旷曰：'少而好学，如日出之阳；壮而好学，如日中之光；老而好学，如秉烛之明。'秉烛之明，孰与昧行乎？"

译　文

自古以来，圣明的君主尚且要勤奋学习，更何况一般的人呢？这类事经史中到处都记载着，我不必再重复。姑且列举近代以来的重要事例，来开导和启发你们。士大夫子弟，几岁以后，没有不受教育的。多的学习了《礼记》、《春秋经传》，少的也学习了《诗经》、《论语》。到了成家立业之年，体性初定，此时的性情，要加倍训教诱导。有志向的，能刻苦用功，成就学业；没有树立操行的，自我放纵散慢，便成为平庸的人。人生在世，应当成就一定的事业。农民计量耕种，商人讲论财货，工匠对所做的东西精益求精，伎艺则潜心琢磨法术，武夫则惯于骑马射剑，文士则讲议经书。我经常见到一些士大夫，他们看不起农商工伎之事，论武，射箭穿不透铠甲上的铁叶，讲文，仅会写自己的姓名，饱食终日，内心空虚一无所事，以此消磨时光，打发岁月。有的士大夫依靠家族世代仕宦留下的功业地位，得到一官半职，便自满自足，完全忘了修进学业，等到遇上凶吉大事，议论得失的时候，他就含糊其辞如坠云雾一般；遇上公家和私人的宴饮集会，大家论古吟诗，他便低头不语，只有打呵欠的本事。有识之士在旁边看了，都替他感到羞愧，欲躲入地下。为什么舍不得勤学几年，却要一生忍受愧辱呢！

人读书学习的目的，根本在于使自己心明眼亮，有利于行：不知道奉养父母的，使他看到古人是如何揣摸父母的心意加以迎合，以和乐的声音同父母交谈，不惧劳苦供奉可口的饮食，于是感到惭愧和不安，立刻开始去做；不知道侍奉国君的，使他看到古人如何忠于职守，临危授命不忘忠诚进谏以利于国家，于是诚恳地自我反省，一心想着去效法古人的行为；一向骄慢奢侈的人，使他看到古人是如何恭敬节俭、谦卑自修，把礼作为教化的根本，把恭敬作为立身的根基，于是心中震动，自知过错，收敛而节制自己；向来庸俗吝啬的人，使他看到古人如何重义轻财，少私寡欲、不贪求满足、救济穷困，于是羞惭悔恨，将囤积的钱财散发给无法生存的人；一向暴虐强悍的人，使他看到古人如何小心谨慎、抑制自己、忍辱隐恶、尊贤容众，于是神情疲惫懊丧，好像连身上穿的衣服都承受不了了；一直怯懦的人，使他看到古人如何对人生采取通达态度、正直刚强、说到做到、不违背道义去谋取福利，于是奋然进取、不再畏缩屈服……

学习的目的是为了有益于言行，可是我却看到有的人只读

了几十卷书，便自高自大，自以为了不起，欺辱长辈，轻慢同辈。别人憎恨他如仇敌，厌恶他如恶鸟。像这样以学自损，还不如不学。古时候的人学习是为了自己，意在弥补自己的不足；现在的人学习是为了给别人看，意在夸夸其谈吹牛皮。古时候的人学习为别人，意在实行道义，有利于社会；今天的人学习为自己，意在修身以求投机钻营。学习如同种树一样，春天欣赏它的花朵，秋天获取它的果实。讲论文章，犹如春赏其花；修身利行，才如秋获其实。

人小的时候，精神专一，成年以后，精力分散，所以，应该及早教育，不要错过时机。我7岁时，诵读王延寿作的《鲁灵光殿赋》，时至今日，十年温习一次，依然不忘。20岁以后诵读的经书，一个月没有记诵便荒疏了。有的人早年穷困不得志，年富力强时失去了学习的机会，但仍当在晚年学习，不要放松自弃……现在世上的有些人，到了成家立业之时还未读书学习，便声称已经晚了，照旧不再学习，如同面对着墙一无所见，这实在是太愚蠢了。人幼年而学习，如同初升的太阳的光芒；人老年而学习，如同持烛夜行，还是胜过闭着眼一无所见的人……

评　析

《勉学》是《颜氏家训》中文字最多、价值最大的一篇文章，它全面系统地论述了学习的重要性和不学习的危害性，以

及学习的目的、方法等等，有不少精辟独到的见解。颜之推强调社会上各个阶级、阶层、不同职业、不同年龄的人都应该勤奋学习，以便有所成就，或者借以自立；他还表彰了历史上许多克服困难、勤奋学习的人，批评了当时贵族子弟不学无术、胸无点墨的弊病。颜之推认为，人们应该早学，因为人小时精神专一、敏锐，但如果失去了早学的机会，即使到了晚年，也不应该放弃学习，而需“秉烛”夜学，活到老，学到老，不以老废学。颜之推指出，学习的目的在于开心明目、修身利行，即“修身以求进”，“行道以利世”。也就是说，学必须致用；如果人们只是为了学习而学习，只能言，不能行，那么学与不学没有两样。颜之推的这些主张是完全正确的，即使在今天也还有重要的借鉴意义。当然，在《勉学》篇中也还存在着一些封建糟粕，如轻视体力劳动和劳动人民，这是需要批判和摈弃的。

颜真卿《与绪汝书》

简　介

颜真卿（709—785），字清臣。琅琊临沂（今山东临沂）人。唐代著名书法家。开元中举进士，累官至武部员外郎。后因受杨国忠排斥，出为平原太守。安史之乱，他举兵抵抗。后封鲁郡公。德宗时李希烈谋反，遣其劝降，为李希烈缢死。谥号“文忠公”。

颜真卿书法正、草兼善，自成一家，后世称为“颜体”。

政可守①，不可不守。吾去岁中言事得罪，又不能逆道徇时。为千古罪人也。虽贬居远方，终身不耻。绪汝等当须会吾之志②，不可不守也。

——《全唐文》卷三三七

注 释

①政：正道。

②绪汝：真卿之子。

译 文

从政当恪守其职责，不可不守。我去年间上书言事获罪，又不能违背道义而曲从时俗，做千古罪人。我虽被贬谪到远方，但终身不以为耻。绪汝等应当领会我的这种心志，不可不恪守自己的职责啊！

评 析

颜真卿遭杨国忠排挤，被贬平原。在他蒙受不白之冤时，依然抱定“守政”的信念，并告诫子女一定要领会自己的心志、坚持正义，恪守职责，决不向时俗低头！数语之间，不但浩然正气激荡，其教子用心亦令人起敬！这种于逆境之中教子的作法，很值得后人学习。

韩愈《答陈生书》（节）

简　介

韩愈（768—824），字退之，河南河阳（今河南孟县）人，唐德宗贞元八年进士。曾官监察御史、国子博士、刑部侍郎等。因谏阻宪宗迎佛骨，贬潮州刺史。后官至国子祭酒、吏部侍郎。卒谥文，人称韩文公。与柳宗元同为唐代古文运动的倡导者，列于唐宋八大家之首。有《韩昌黎文集》。

所谓事亲以诚者，尽其心不夸於外，先乎其质后乎其文者也。尽其心不夸於外者，不以己之得於外者为父母荣也；名与位之谓也。先乎其质者，行也；后乎其文者，饮食旨甘以其外物供养之道也。诚者，不欺之名也。待於外而后为养，薄於质而厚於文，斯其不类与欺欤？

——《韩昌黎文集》卷三

译　文

所谓用诚心侍奉父母，是指尽心尽力而不自夸于外人，以“质”为先而以“文”为次。所谓尽心尽力不自夸于外，是说不凭自己在外面的所得作为父母的荣耀，主要指名誉和地位等等。以“质”为先，是指行为；以“文”为次，是指用甜美的饮食孝敬父母，尽供养之道。诚，是不欺骗的别名，用从外面得到的名利和地位对待父母而后才尽供养之道，是在“质”的方面薄而只注重“文”的方面，这和欺骗又有什么两样呢？

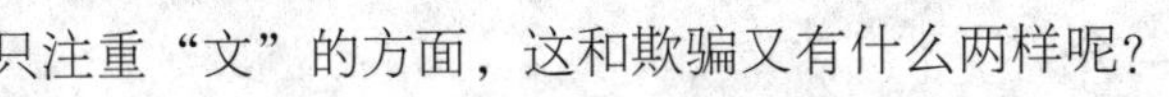

评　析

韩愈主张不以“名”、“位”作为父母的荣耀，而以“行”的实质孝敬父母。即是说，“事亲”需要诚心实意，先质后文。这种观点与传统的“光宗耀祖”之说有所不同。平心而论，韩愈的观点是值得为人子者所遵行的。孝敬亲人只能从实实在在的行动中表现出来，一顿饭、一杯水，皆是孝心的体现。如以名位之高显就不去亲自侍奉父母，那又如何称得上是“孝”呢？

范质《戒子侄诗》（节）

简　介

范质（910—964），字文素，大名人。唐长兴四年进士，五代后周时任宰相，末代周后仍为宰相。为人廉洁刚直，治家俭朴。“闺门之中，食不异品。身没，家无余财。”（《宋史》）宋太宗称他“循规矩，慎名器，执廉洁”。范质的《戒子侄诗》“时人传诵以为劝戒”。有文集30卷、吏传《通录》65卷。

戒尔学立身，莫若先孝悌。怡怡奉亲长，不敢生骄易[①]。战战复兢兢，造次必于是[②]。

戒尔学干禄[③]，莫若勤道艺[④]。尝闻诸格言，学而优则仕。不患人不知，惟患学不至。

戒尔远耻辱，恭则近乎礼。自卑而尊人，先彼而后己。相鼠与茅鸱[⑤]，宜鉴诗人刺。

戒尔勿旷放，旷放非端士。周孔垂名教，齐梁尚清议[⑥]。南朝称八达[⑦]，千载秽青史。

戒尔勿嗜酒，枉药非佳味[⑧]。能移谨厚性，化为凶险类。古今倾败者，历历皆可记。

戒尔勿多言，多言众所忌。苟不慎枢机[⑨]，灾厄从此始。是非毁誉间，适足为身累。

——《范鲁公训从子诗》

注　释

①骄易：骄傲轻慢。

②造次：相当造化，指成就。

③干禄：为官。

④道艺：道德与学业。

⑤相鼠与茅鸱（chī）：《诗经》中有《相鼠》与《鸱鸮》两篇，后人据诗义遂以相鼠（大老鼠）与茅鸱（猫头鹰）喻无礼不敬之人。

⑥清议：指清谈。清谈之风兴于魏晋，波及齐梁，此处当是泛指。

⑦八达：八位通达之士，如魏诸葛诞等人，晋胡毋辅之等人，当时皆称“八达”。

⑧狂药：指酒。

⑨枢机：关键。

译　文

告诫你们，要学立身为人，不如先从孝顺友爱实行。和颜悦色侍奉尊长，不敢生出骄傲怠慢之心。小心谨慎战战兢兢，一生成就靠这完成。

告诫你们，若要求官，不如在道德学业上勤奋。我曾听说种种格言。都说学业优秀方能为官。不要担心别人不了解自己，只怕自己学业不精。

告诫你们，不要自取耻辱，万人恭顺，就已接近通晓礼节。保持谦卑尊敬别人，遇事谦让先人后己。如果你像古人说的“相鼠”、“茅鸱”一样，那么就该当诗人的嘲笑。

告诫你们，不要旷放，旷放不是品行端正的人士。周公与孔子，恪守正统名垂青史，齐梁时清谈成风尚，八位“通达之士”为人赞赏，然而千载之下，丑名远扬。

告诫你们，不要嗜酒贪杯，令人迷狂的毒药，并非佳肴美味，它能动摇你忠厚谨慎的品性，变成凶恶奸险的匪类。从古到今因贪杯而倾覆败亡的教训，清清楚楚，细细体味。

告诫你们，不要多嘴多舌，多嘴的人大家忌恨。说话如果不得要领，从此便会种下祸根。是非毁誉议论之间，足以影响你的一生。

评　析

孝顺友爱，品德学业，待人谦虚，处身端严，不贪杯杓，言语谨慎，这些告诫对一个人来说，似乎只是一些最平常、最容易做到的细节。然而善于教育子弟的家长，却总是从细小处着手。因为这些事情虽小，却是一个人性格成长，事业成就的基础。正如范质在《戒子侄诗》中指出的，小事上若不严谨，不努力，不仅使自己举止不端，而且会使得事业无成，甚至留下千古骂名。而小小细节，又往往被人忽略。将小事细节和人生、事业的大事联系起来，谆谆告诫子弟，这是范质《戒子侄诗》的特点。

包拯《包氏家训》

简　介

包拯（999—1062），字希仁，北宋合肥人。曾任监察御史、龙图阁直学士，开封府尹，官至枢密副使。以刚正清廉，执法严明著称。是中国古代著名的“清官”之一。谥号“孝肃”，有《包孝肃奏议》。

后世子孙仕宦，有犯赃滥者，不得放归本家；亡殁之后，不得葬于大茔之中。不从吾志，非吾子孙。仰珙刊石[1]，竖于堂屋东壁，以诏后世。

——宋吴曾《能改斋漫录》卷十四

注　释

①珙（gǒng）：包珙，包拯之子。

译　文

后代子孙做官，有贪赃枉法的，被黜免后不得回老家居住；死后，也不得葬入祖茔之中。不听从我的遗志的，便不是我的子孙。让珙儿将此语刊刻于石，竖于堂屋东墙之下，世代铭记。

评　析

包拯以刚正廉洁、铁面无私为世人称道，他的家训，同样表现了他为人的风格。古人留给子孙的遗训，有不少因为时过境迁，对今人已经没有什么意义。但包拯的这则家训，今天读来，仍能使人产生敬仰之情。因为世界上只要有“官”，就会有廉洁与腐败的泾渭之分。所以这不仅是告诫子孙的遗训，也是警戒世俗的千古名言。

《东坡全集》二篇

简　介

苏轼（1037—1101），字子瞻，号东坡居士，眉州（今四川眉山）人，官至翰林学士。是宋代最杰出的文学家，诗、词、散文都自成一家，在文学史上产生了巨大深远的影响，在书、画等艺术领域也取得了很大成就。苏轼在政治上光明正大，勇于发表自己的见解，因而屡遭贬谪。一生坎坷。有《东坡全集》。

儋耳与侄孙元老

侄孙近来为学何如？想不免趋时，然亦须多读史，务令文字华实相副，期于适用乃佳，勿令得一第后所学便为弃物也。海外亦粗有书籍①，六郎亦不废学，虽不鲜对义，然作文极峻壮有家法。三郎五郎见说亦长进，曾见他文字否？侄孙宜熟看前后汉史及韩柳文。有便寄近文一两首，来慰海外老人意也。

——《东坡全集》

注　释

①海外：指海南，当时苏轼被贬海南儋州。

译　文

侄孙近来学习如何？想来免不了要追求时尚，但还是一定要多读史书，一定要让文章文采与内容相符，追求适用才好，不要使得科举考中后，所学的东西便成为废物了。海南也略有一些书籍，六郎也没有荒废学业，虽然不懂文义的对应，但写的文章十分挺拔豪壮有我家的笔法。听说二郎五郎也有长进，你是否见过他们的文章？侄孙应熟读前后汉史书及韩柳文章，有的话就寄来一两篇近期写的文章，来安慰海南老人的心情。

送千乘千能两侄还乡（节）

治生不求富，读书不求官，譬如饮不醉，陶然有余欢。君看庞得翁[①]，白首终泥蟠，岂无子孙念，顾独遗以安[②]。

——《东坡全集》

注　释

①庞德翁：庞德公，汉末隐士，避乱入鹿门山。《襄阳耆旧传》中记载了他的事迹。

②顾独遗以安：庞德公曾说："人皆遗之（指子孙）以危，我独遗之以安。"意思是说，追求高官厚禄，留给子孙的是危险，隐居避世，留给子孙的是安全。

译　文

从事生产不求富，读书不为官。好比饮酒不醉酒，陶然自得乐无穷。你看古时庞德公，白头泥中盘，怎会不把子孙念，不过要给子孙留安全。

评　析

苏轼是一位思想非常复杂的文学家，他的作品常表现出复杂多样甚至矛盾的思想倾向。这个特点，也反映在他教诲子侄的诗文中。他希望子侄能出人头地，光耀门庭；也鼓励他们甘于淡泊，隐居守分。他曾经说："惟愿孩儿愚且鲁"，又欣然于儿孙的聪明好学。但矛盾中又有统一："达则兼善天下，穷则独善其身"，苏轼自己这样奉行，也这样教育后代。

《石林家训》二则

简　介

叶梦得（1077—1148），字少蕴，号石林居士，宋代吴县人。北宋绍圣四年进士，数上疏议论时政，南宋时曾致力于抗金活动，官至户部尚书，善诗词，以学问博洽，精熟掌故著称。他的《石林诗话》是古代重要的诗歌理论著作。另有《石林居士建康集》、《石林词》、《石林燕语》、《避暑录话》著作及《石林家训》。

旦必读书

旦起须先读书三五卷，正其用心处，然后可及他事。暮夜见烛亦复然。若遇无事，终日无离几案。苟能如此，一生永不会向下，作下等人。如见他事，自然不妄。吾二年来目为极昏，看小字甚难。然盛夏帐中，亦须读书。至极困，乃就枕。不尔胸次歉然若有未了事，往往睡亦不美，况昼日乎，若凌晨便治俗事，或冗、或默闲坐，日复一日！与书卷渐远，岂复更思学问？如此不流入流俗人，则着衣吃饭，一騃子弟耳。[①]况复博弈饮酒，追逐玩好[②]，寻求交友，惟意所欲，有一如此，近二三年，远五六年，未有不丧身破家者。此不待吾言，知之则庶乎其免矣。[③]

——《石林家训》

注　释

① 騃（ái）：痴呆的意思。

②玩好：玩赏之物。

③庶：庶几，也许、或许的意思。

译　文

早晨起来，必须先读上三五卷书，端正思想，然后才可以做其他事。晚上点灯后也要这样。如果遇上没事干的日子，就应整天不离书桌。如能这样，一生永远不会向下走，成为下等人。如果看到其他事情，自然不会胡来。我近两年来视力极为昏暗，看小字很艰难。然而即便是盛夏之夜在帐中，也一定读书。到困极了的时候，才就枕睡眠。不这样就觉得胸中亏欠了什么，像是有什么没有了结的事似的。往往睡也睡不香，更何况是白天呢！如果凌晨就操办俗事杂务，或者忙忙碌碌，或者默默闲坐，这样日复一日，与书卷渐渐疏远，哪里再能考虑研究学问呢？这样的话，就是不演变成流俗之人，也不过是一个只知吃饭穿衣的痴呆子弟罢了。何况再去赌博下棋，饮酒作乐，搜寻玩物，结交狐朋狗友，一旦有这类行为，近者二三年，远者五六年，没有不家破身亡的。这些不必我讲，自己明白了，那么也许可以免除灾祸。

评 析

古代士大夫教子弟读书，其根本目的，是为了维护家族的社会地位。北齐颜之推认为："若能常保数百卷书，千载终不为小人也。"而叶梦得要求子弟读书。也是为了他们"一生永不会向下，作下等人"，这是他不免于时代局限之处。另一方面，叶梦得又继承了古代教育思想中的优良传统，重视读书为学对思想品德的作用，认为经常读书，可以提高辨别是非的能力，防止沾染不良习气。这里，叶氏特别强调的是读书作为一种高雅健康的活动，对人的性情气质所起到的熏陶作用，而不是仅仅强调"圣贤之书"对人思想上的教导作用。可以说，叶梦得要求子弟经常读书，既是出自功利性的考虑，又有不囿于功利的见解。这一点，对于今人是应该有所启发的。

慎　言

《易》言：“乱之所由生也[1]，言语以为阶[2]，君不密，则失臣，臣不密，则失身。”庄子曰：“两喜多溢美之言，两怒多溢恶之言[3]。”文注：“人言多不能尽实，非喜即怒。喜而溢美，犹不失近厚；怒而溢恶，则为人之害多矣。”孟子曰：“言人之不善，当如后患[4]。”何夫？己轻以恶加人，人亦将必以恶加己，是自相加也。吾见人言，类不过有四：习于诞妄者，每信口剧谈，不问其人之利害，惟意所欲言；乐于多知者，并缘形似，因以称誉，虽不过其实，自不能觉；溺于爱恶者，所爱虽恶，强为之掩覆，所恶虽善，巧为之破毁；轧于利害者[5]，修造端谋[6]，倾之惟恐不力，中之惟恐不深[7]。而人之听言，其类不过二：纯实者不辨是非，一皆信之；疏快者不计利害，一皆传之。此言所以不可不慎也。今汝曹前四弊吾知其或可免，若后二失，吾不见无虑。盖汝曹涉世津梁[8]，未尝经患难，于人情交诈，非能尽察。则安知不有因堕陷溺者乎？故将欲慎言，必须省事、择交，每务简静，不求与事会，则自然不久。是非毁誉之言，亦不到汝耳。汝不得已而有闻，纯实者每致其思，无轻信；疏快者每谨其戒，无轻传，则庶乎其免矣。

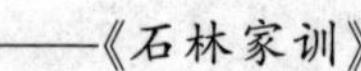
——《石林家训》

注　释

①这句话出自《周易·系辞传》。

②阶：缘由。

③溢美、溢恶：过分夸奖，指责。语出《庄子·人间世》。

④“言人之不善”出自《孟子·离娄下》。

⑤轧：倾轧。

⑥端谋：事端。

⑦倾：排挤、倾陷。中：中伤。

⑧津梁：桥梁，指入门的途径。

译　文

《易经》中说：“言语是造成祸乱的缘由，君主说话不慎重，会失去臣子；臣子说话不慎重，会失去性命。”庄子说：“两相喜欢就互相多说过分赞誉的话，两相忿怒就互相多说过分指责的话。”注文说：“人们的话多数不能完全真实，不是喜欢就是忿怒。喜欢了就过分赞誉，还不失厚道；忿怒了就过分指责，这样给人带来的祸害就多了。”孟子说：“说别人的不好，会带来后患。”为什么呢？自己随意给别人以恶言，别人也必将把恶言施加给我，这等于是自己说自己的坏话。我看人们的言语，不过是四类情况：习惯于胡思乱想的人，往往信口开河，也不考虑与听话人的利害关系，只知道畅所欲言；喜欢广为结交的人，专找表面上的相似，去称赞对方，虽然不符实际，自己也不能察觉；过于凭感情爱憎用事的人，自己喜爱的虽然很坏，也力图为他掩盖，自己所憎恶的人虽然很好，也设法诋毁他；喜欢计较利害相互倾轧的人，无事生非，制造事端，倾陷别人惟恐不狠，中伤别人惟恐不重。而听别人说话的人，有两类情形：纯朴老实的人往往不辨是非，一概相信；豪放爽快的人往往不考虑利害，一概传达。所以对言语不可以不慎重。如今你们前四种毛病我知道还可以避免，至于后面两种失误，我还不失担心。因为你们涉世未深，未曾历经患难。对于人情的奸诈，不能完全看清。怎么知道会不堕入别人的圈套呢？所以要想做到慎重言语，必须少生事端、有选择地交友，生活中经常追求简淡宁静，不一心想着碰上什么事，就自然不会进入谈论是非的圈子中去。谈论是非毁誉的话，也不会进到你耳中来了。要是你不得已听到了，纯朴老实的应经常周密思考，不要轻信；豪放爽直的应经常认真警戒，不要轻易传言，这样你们也许可以避免言语不慎的失误。

评　析

祸从口出，为人不可不慎言，即便是在提倡言论自由的今天，这话也是有道理的。其理由正如叶梦得所分析的，言语不当或者对别人的言语缺少判断分析，会伤害他人，造成矛盾，最终给自己带来麻烦。

叶梦得教子慎言，不是简单的教训、命令，而是对言语不

慎的原因、表现、危害，从说者和听者的不同角度，做了细致的分析。并针对儿子阅历、品行、性格诸方面的特点，提出具体的要求，可谓教子得法！

朱熹《与长子受之》（节）

简　介

朱熹（1130—1200），字元晦，号晦庵、遁翁，因晚年居建阳考亭，主讲紫阳书院，故别号考亭、紫阳。历仕四朝，而在朝不满四十日。是中国古代著名学者和具有重大影响的思想家，在经学、史学、文学、音律等方面均有建树。他发展了程颢、程颐的理气关系学说，集理学之大成，后世并称为程朱学派。他的思想在明清时被视为儒学正宗。著有《四书章句集注》、《诗集传》、《周易本义》、《楚辞集注》、《通鉴纲目》等，后人编辑有《晦庵先生朱文公文集》和《朱子语类》。

朱熹又是古代杰出的教育学家，他从事教育五十余年，他关于教育的著述，形成了完整系统的教育思想，成为后代学校与家庭教育的指导性理论。朱熹关于教育的观点，主要集中在

他的《朱子语类》、《小学》、《童蒙须知》及他与吕祖谦合撰的《近思录》中。

早晚授业、请益随众例①，不得怠慢。日间思索有疑，用册子随手札记，候见质问。不得放过。所闻诲语，归安下处思省要切之言，逐日札记，归日要看见好文字录取归来。

不得自擅出入，与人往还，初到问先生，有合见者见之，不合见则不必往；人来相见，亦启禀，然后往报之，此外不得出入一步。

居处须居敬，不得倨肆惰慢。言语须谛当②，不得戏笑喧哗。

凡事谦恭，不得尚气凌人，自取耻辱。

不得饮酒，荒思废业，亦恐言语差错，失己忤人。尤当深戒不可言人过恶，及说人家短长是非，有来告者亦勿酬答。于先生之前，尤不可说同学之短。

交游之间，尤当审择。虽是同学，亦不可无亲疏之辨。此皆当请于先生，听其所教。大凡敦厚忠信，能文无过者，益友也；其谄谀轻薄，傲慢亵狎，导人为恶者，损友也。推此求之，亦自合见得五七分，更问以审之，百无所失矣。但恐志趣卑凡，不能克以从善，则善者不期疏而日远，损者不期近而日亲。此须痛加检点而矫革之③，不可荏苒渐习，自趋小人之域。如此则虽有贤师长，亦无救拔自家处。

见人嘉言善行，则敬慕而录记之。见人好文字胜己者，则借来熟看，或传录之而咨问之，思与之齐而后已。不拘长少，惟善是取。

以工数条，切宜谨守。其所未及，亦可据此推广。大抵只是勤谨二字，循之而上，有无限好事。吾虽未敢言而窃为汝愿之；反之而下，有无限不好事，吾虽不欲言而未免为汝忧之也。盖汝若好学，在家足可读书作文，讲明义理。不待远离膝下，千里从师。汝既不能如此，即是自不好学，已无可望之理。然今遣汝者，恐汝在家，汩于俗务，不得专意，又父子之间不欲昼夜督责，及无朋友闻见，故令汝一行。若到彼能奋然勇为，力改故习，一味勤谨，则吾犹有望。不然，则徒劳费④，只与在家一般。他日归来，又只是旧时伎俩⑤，人物不知，汝将何面目归见父母、亲戚、乡党、故旧耶？念之念之，夙兴夜寐，无忝尔新生⑥，在此一行，千万努力！

——《朱子全书》

注 释

①请益：向老师提问、请教。

②谛当：仔细恰当。

③矫革：矫正、革除。

④劳费：劳神费力。

⑤伎俩：原指不正当的手段，这里指行为。

⑥忝：辱没他人而自己有愧。

译 文

每天的学习、提问要和大家一样，不可怠慢。白天思考问题有疑惑之处，用小册子随手摘记，等见到老师询问，不可放过。所听到的老师教诲，回到宿舍思考理解其重要深刻的内容，每天摘记，回家的时候要看到你抄录好文章回来。

不可擅自出入，与人来往，刚到学校时要询问老师，应当见的去见，不应当见的不必前往；别人来见你，也应启禀老师，然后去会见，除此之外不得出入一步。

平时要保持恭敬，不可骄纵怠慢。说话要审慎得当，不可笑闹喧哗。

凡事要谦恭，不可盛气凌人，自取耻辱。

不可饮酒，以防荒废学习，也恐怕因酒而言语差错，失去控制而顶撞别人。尤其应当引以为戒的是不可以谈论别人的过失缺点，以及说别人短长是非，有人来向你告诉这些事也不要应酬。在老师面前，尤其不可说同学的短处。

与人交往，尤其应当慎重选择。虽然都是同学，也不可没有亲密疏远的区别。这方面都应当向老师请教，听从老师的教导。凡是敦厚忠诚，学习好无过错的，是益友；那些阿谀奉承，举止轻浮，傲慢轻薄，引诱别人做坏事的，是损友。以此推求，你自己也能看出六七分，再加上请教老师和慎重选择，便可百无一失。怕只怕自己志向情趣低下平常，不严格要求自己学好，那么益友你不希望疏远也会一天天疏远，损友你不希望亲近也会一天天亲近，这是必须痛加检点而改正的，不可潜移默化，成为习惯，自己堕落到小人的境地。这样的话虽然有良好的师长，也无法挽救自己。

见到别人的良好言行，就应敬佩仰慕，记录下来。见到别人的好文章胜过自己的，就借来熟读，或者记录下来并向他请教，想着赶上别人才罢。不管年纪大小，只要别人好，就应向他学习。

以上几条，实当严格遵守。没有说及的，也可根据这几条来推求。总的来说是勤谨二字，遵循这两个字向上发展，就会有无限的好事，对此我虽然未敢说出而心中暗自为你祝愿；违反这两个字向下发展，有无限不好的事，对此我虽然不想说出却未免为你担忧。因为你如果好学，在家就完全可以读书作文，研究通晓道理。不需要远离父母，到千里外拜师求学。你既然不能这样，也就是自己不好学了，对你已经没有抱有希望的理由。然而今天打发你出去，是怕你在家，被日常的事物淹没，不能专心学习。又因为父子之间不便于整天地督促要求，家中也不便于你结交朋友增加见闻，所以让你出去。如果到那儿后能够奋起振作，勇于进取，努力改正过去的习惯，保持勤谨，那么我对你还有指望。不然的活，就是徒然劳神费力，只和在家一般。将来你回来，还是过去那一套做法，什么都不

懂，你将有什么脸面回来见父母、亲戚、同乡、朋友呢？记住记住，早起晚睡，能否不辱没父母家门，就在于这一次了，千万要努力!

评　析

朱熹是中国古代杰出的教育家，他的教育学说，形成了完整系统的教育理论体系。朱熹特别重视家教，他关于家教的论述，是他教育思想的重要组成部分。纵观朱熹关于家教的论述，有这样几个特点：一、重德育；二、重视早期教育，反对溺爱娇惯；三、注重习惯养成，主张循序渐进；四、讲求教育方法。作为中国古代教育思想的结晶，朱熹关于家教问题的论述，的确是值得我们研究、借鉴的。但是，我们也应看到，朱熹毕竟是古代封建主义的思想家，他从事教育活动的最终目的，还是为了封建社会的稳定、巩固。因此，在他关于家教的论述中，不可避免地含有许多我们所不能接受的糟粕。

吕祖谦《教子》

简　介

吕祖谦（1137—1181），字伯恭，南宋金华人，人称东莱先生。曾任直秘书阁著作郎，国史院编修。长期从事著述、讲学，是著名的理学家、教育家。曾与朱熹合编《近思录》，另有《书说》、《家塾读诗记》、《春秋集解》、《左氏博议》、《皇朝文鉴》、《少仪外传》等著作。

世有爱其子者，坐之高堂，食之刍豢[①]，足迹未尝及门，自以为爱之至矣。彼邻人之父则不然，使其于蹑履担簦[②]，犯风雨，冒霜雪，以从师取友于千里之外。伶仃颠顿，道路之人莫不窃议其父之不慈也。及观其终，则有一人焉，不辨菽麦，顽嚚无知，问之何人也，乃向之足迹未尝及门者也；有一人焉，知类通达，为世名儒，问之何人也，乃向之颠顿数千里者也。彼为人父者，将使其子无知为爱耶？将使其子有成为爱耶？虽甚愚者，亦知有所择矣。

——《东莱博议》

注　释

①刍豢（huàn）：家畜。

②簦（dēng）：伞。

译　文

世上有个人很爱他的儿子，让儿子坐在高堂之上，吃着丰盛的食物，足迹未曾到过门口，自以为是最爱儿子了。他的邻居则不是这样，让自己的儿子穿着草鞋，挑着雨具，迎着风雨，冒着霜雪，到千里之外求师寻友。孤单颠簸，路上见到的人无不暗自议论他父亲的不慈爱。等到看他们的结果，于是有这样一个人，分不清菽麦，顽劣无知，问他是哪一位，原来是先前那个足迹未到门口的；还有这样一个人，通达事理，是世上著名的学者，问他是哪一位，原来是先前千里颠簸的那位。那些做父亲的，是要因爱儿子而使他无知呢？还是要因爱儿子而使他有成就呢？就是最愚蠢的人，也知道该怎么选择。

评 析

吕祖谦的这篇《教子》，有如一则寓言，通过两种爱子方式，两种结果的生动对比，揭示了爱子、教子的道理。人都爱自己的儿子，但爱子的方法却不一样，结果也不同。爱子可以成就儿女，爱子也可以害子。孩子的成长需要父母从生活上给以照顾，也需要学习、锻炼，需要经风雨、见世面。如果父母只知道从生活上给以无微不至的关心、照顾，却不知道让孩子接受教育，经受锻炼，甚至把孩子时刻置于自己的羽翼之下，不让他们去接触广阔的世界。这种爱子，最终只能害子。

韩淲《示儿》

简　介

韩淲（1159—1224），字仲止，号涧泉，南宋信州上饶（今江西省上饶市）人，龙图阁学士韩元吉之子。有高节，从仕不久即归。嘉定末，因时事惊心，忧愤而卒，幼承家学，善诗，与赵蕃（号章泉）俱有诗名，并称“二泉”。与辛弃疾、姜夔、周文璞等人多有唱和。著有《涧泉集》20卷、《涧泉日记》3卷。兹处所选两首教子诗，系他教导其儿子为人刚正重行，为吏廉洁公正，皆有可取。

士固贵诵说，人亦要力行。气质到深厚，心术尤分明。贵贱易迁变，是非多战争。直宜刚且正，无复弱而平。

——《涧泉集》卷四

译 文

读书人固然应该重视能言善变，但做人也应当身体力行。把自己的气质修养到深沉浑厚的地步，心术如何也就自然分明。高贵与卑贱都是容易转化的，人与人之间的是是非非多有纷争。今后确实应该刚方正大，不要再像以前那样柔弱平庸。

评 析

这首诗的四联，共向儿子提出了四项要求：一、不仅善言，还要力行；二、修养气质，端正心术；三、贵贱无恒，是非有别；四、刚方正大，自立自强。其实，这四项内容，好多家长在教育子女时都会遇到；但韩滤以一首短诗的形式写出，读后却格外撞击心灵。

倪思《俭》

简 介

倪思（？—1220），字正甫，湖州归安（今浙江吴兴）人，南宋乾道二年进士，曾任兵部、礼部尚书。能直言进谏，屡次触犯韩侂胄、史弥远等权臣，“三黜不变其风概”，著有《班马异同》、《经钼堂杂志》等。

俭而能施，仁也。俭而寡求，义也。俭以为家法，礼也。俭以训子孙，智也。俭而悭吝，不仁也。俭复贪求，不义也。俭于其亲，非礼也。俭其积遗子孙，不智也。

——《经钼堂杂志》

译　文

节俭而能施舍，这是仁慈。节俭而不贪求，这是道义。把节俭作为家法，这是礼节。用节俭教育子孙，这是智慧。节俭而悭吝。这是不仁慈。节俭又贪求，这是无道义。对亲人节俭，是非礼。节俭是为了积累财富留给子孙，这是不明智。

评　析

中国古代的士大夫，常把“俭”作为人生的美德，治家的格言。这其中既有伦理的原因，又有实际的考虑！从伦理道德方面讲，“奢”是人欲横流的表现，是道德沦丧，天下混乱的根源，因此儒家传统思想中，克制人的欲望，提倡俭朴淡泊，就成为救治社会的药石。从孔子的“克己复礼”，到宋儒的“存天理，灭人欲”，其中都包含了“俭”的要求。从家庭生活的实际来看，如果不讲节俭，一味奢侈，肯定会造成家业的破败。一方面会因为入不敷出，坐吃山空；另一方面奢侈必然导致贪求，结果是激化了自家与他人以至于社会的矛盾，最终受到社会的惩罚。

倪思以俭训子，主要是从家庭生活的实际来谈，而且为子弟制订了具体的节俭持家的办法。其用心良苦，读者自可体会。其节俭持家的办法措施，也可以借鉴。

由于倪思对“俭”有比较全面的认识，因而他对财产问题的看法也比较中肯。他主张节俭，但反对悭吝，反对为了积累财产留给子孙而俭。他反对贪求，但又鼓励子弟积极地维护、增置财产。他的观点，既不同于那些贪得无厌的守财奴，也不同于那些视财产为万恶之源的“高人雅士”。其中勤俭俱全，而悭贪全无，对我们正确认识、继承我们民族节俭的传统，是很有启发的。

张养浩《家训》

简　介

张养浩（1269—1329），字希孟，号云庄，济南人。元武宗时曾任监察御史，因上疏论政，触犯权贵，被罢官。元仁宗时复出，官至礼部尚书、参议中书省事，又因上疏谏元夕内庭张灯得罪，辞官归隐。1329年，关中大旱，应召出任陕西行台中丞，赴关中救灾，积劳成疾，死于任所。

张养浩能诗善文，尤其擅长写曲，是元代著名的散曲家。有《云庄归田类稿》、《云庄休居自适小乐府》等著作。

维人之生，或孩而殇，或冠而夭，或壮而疾废①。幸而不殇、不夭、不疾废，则生于陋邦遐邑而不于中原，幸而生中原则又屠沽贫贱而不于富贵好礼之家。呜呼！其孩焉而不殇，冠焉而不夭，壮焉而无疾废，而又生于中原好礼之家者，天既全之如此，而人之所以求其全者，顾可苟简而不力哉[2]？夫学不求至于圣贤，皆负德造物者也。

道万里而不以为远，陟千仞而不以为高，洞金石而不以为难，蹈水火而不以为殆者，志焉而已矣。志苟一立，天下无不能为之事，而况读书乎？志苟不立，目击所有而不能致，而况为圣贤乎？呜呼！士而无志，可与有为耶？

自开辟以来，不知为年几千，而汝始生焉。自祖宗以来，不知传世几百，而汝始承焉。呜呼！以开辟以来之身，祖宗以来承传之绪[3]，而托于汝焉。则汝所以兢兢业业，殖学禔身，克肩厥任者[4]，当何如哉？

汝其斋心凝虑[5]，以思古之学者皆有所志，志者，心所向也。志高而或下者有矣，志下而能高者，未之有也。故古人谓取法于上，犹得于中，取法于中，不免为下也，信矣。

——《云庄归田类稿》

注 释

①殇，夭：都指未成年而死。疾废：患病残废。

②苟简：随便敷衍。

③绪：遗诸、后代。

④殖：立。禔（tí）：安。

⑤斋心：清心寡欲。

译 文

人的生长，有的幼年就夭折了，有的刚成年就亡故了，有的到壮年就残疾了。幸而不夭折、亡故、残疾，却又生长在贫困边远地区而不在中原，幸而生于中原又生长在屠夫酒贩贫贱的家庭而不是富贵讲求礼义之家。啊！那些幼年不夭折，成年不亡故，壮年不残疾，而又生长在中原喜好礼义家境中的人，上天对他们如此成全，而人力对自己完善的追求，又怎么可以敷衍了事而不加努力呢？如果学习上不求达到圣贤的境界，就是对不起天地的恩德。

走万里路而不以为远，爬千丈高而不以为高，穿透金石而不以为难，赴汤蹈火而不以为危险，这是因为立志于此而已。志向一树立，天下没有不能做的事，何况读书呢？志向如果不树立，眼前的东西都不能得到，何况成为圣贤呢？啊！士大夫若无志向，可以有所作为吗？

自从开天辟地以来，不知过了几千年，而你才出生。自从祖宗以来，不知传了几百代，而你才继承。啊！开天辟地以来人类的延续，祖宗以来家族的承传，都寄托在你身上了。你该怎样去兢兢业业，立学安身，肩负重任呢？

你一定要清心凝思，想一想古代的学者都有自己的志向。志向，是心中的方向。志向高而成就低的是有的，志向低而成就高的，便没有了。所以古人说取法于上，还只能得到中等的结果，若取法于中，免不了成为下等，的确这样。

评　析

张养浩的这篇《家训》，中心在于教育子弟立志从学。他指出，并不是每一个人都可以得到学习的机会，因此生于良好优越环境中的人应珍惜难得的学习机会，使自己得到完善，成为圣贤。他还指出，作为一个后辈，子弟肩负着继承人类与家族的责任，要担起这个重任，就必须努力学习。至于如何才能学有所成，张养浩告诫子弟要立志，“志苟一立，天下无不能为之事”；而且要立志高远，“志下而能高者，未之有也”。

与一般人教子从学不同，张养浩并没有从个人的得失利害讲从学的好处，而是强调个人对于人类、家族的责任，其立意是比较高远的。而只有立意高远的教子，才能使他们树立起远大的人生目标，从而获得较高的成就。这是这篇《家训》的可取之处。至于张养浩认为士大夫子弟比起一般人负有更重大的责任，这种观点当然已经过时。

《就日录·子孙三变》

简 介

此篇选自《就日录》，书作者不详，所记皆为元以前事。

旧传不肖子有三变：其初变为蝗虫，谓鬻田园而食；次变为蠹虫，谓货书而食；又变为大虫，谓卖人而食[①]。此切当其理。今之不肖子，谓之三虫恐未足以尽其实。

初父母未亡也，凭借父祖门阴声势，在外无所不为，朝去暮归，盗窃财物，恣情为非。父兄以内有所主，及持父兄家私事，逼其婢妾，至于掣肘[②]，或恐玷己，遂为掩蔽，付之无可奈何及托前世。甚至在外指屋起钱，高价赊物，低价出卖。谓之“转肩”[③]，人皆指而目之“爷健大郎”[④]。父有因此淹抑成病，又增利贷钱，候父母死还钱，谓之“下丁钱”[⑤]。其或母先父亡，犹且庶几者。若或父亡而母存，其为害特甚。初父亡得财产入手，岂顾其母。及财散而母存，甘旨不具，展转孤苦。亲戚兄弟有不忍者，携归奉养，则往彼争喧取扰。谓母有挟藏之物，反为求索。其亲厌烦，则付母还之，复受岑寂。或有兄弟粗给，则兴讼索分，亦自有此等人资给以导其为讼。既讼毕，得钱浪费，无岁月间，又已空虚。连及妻室姊妹，觅人蓄养[6]，作为亲戚，出入闺门。分甘忍耻，食残衣敝。而妻辈以寒饥所困，初似羞涩，终则愿为。间有妻辈家以力夺去。及妻子辈鬻身事人，或与所事者厚爱，从彼弃此。不肖子俱无所施，则思旧所交游者，及父兄朋友，而求索度日。如此又不知以何等虫处之矣。

——《就日录》

注　释

①不肖子有三变：见五代孙光宪的《北梦琐言》。

②掣肘：刁难、打扰。不肖子以此手段威胁婢妾。

③转肩：投机生意。其实不肖子做的是赔本生意。

④爷健大郎：对不肖之子的讽刺性称呼。

⑤下丁钱：指一种长期高利贷款。

⑥觅人蓄养：这里指让妻室姊妹给别人做外室。

译 文

过去说不肖之子有三变：开始变为蝗虫，说的是变卖田园而食；接着变为蠹虫，说的是出卖家中藏书而食；最后变成大虫，说的是卖人而食。这话很有道理，而如今的不肖之子，把他叫做三虫怕是不能够完全概括他的实际情况。

最初父母未过世的时候，凭借前辈的门第声势，在外面无所不为，早出晚归，盗窃财物，恣意胡为。父亲兄长因为家里有人主持，以及不肖子掌握父兄家中隐私，逼迫婢妾，刁难威胁，婢妾害怕受到玷污，就为他掩饰蒙蔽，于是只好说无可奈何、前世罪孽。甚至在外面押房借钱，高价赊买，低价出售，叫做“倒把”，人都把他看做是“爷健大郎”。父亲要是因此抑郁成病，又增利贷款，等候父母死后还钱，称做“下丁钱”，如果母亲死在父亲前面，尚且可以。如果父亲去世而母亲活着，不肖之子的危害就特别厉害。一开始父亲去世财产到手，哪里还管母亲，等到财产散尽而母亲还在，无以奉养，母亲辗转孤苦。亲戚兄弟有不忍心的，带回家奉养，不肖之子就前往争吵取闹。说母亲暗藏携带了东西，反向亲戚索要。亲戚厌烦了，就把母亲交还给他，回来后又受冷落。要是有兄弟日子还过得去，就打官司要求分给家产，也自会有这种人，把钱给他鼓励他打官司。打完官司，得到钱就浪费，没有多少时间，又两手空空。连累到妻子姊妹，找人养做外室，冒充亲戚，出入内室。也只好甘心忍受耻辱，因为缺吃少穿。而妻子迫于饥寒，开始似乎羞涩，最后就愿意做了。也有的妻子家中强行将她夺回。等到妻子卖身侍人，有时与所侍奉的人感情深厚了，就扔下丈夫跟了别人。不肖之子无计可施，就想起旧日交往的人，以及父兄的朋友，去靠乞讨度日，像这样的又不知叫做什么虫了。

评 析

这篇文章详细叙述了不肖之子败家的过程，目的在于告诫世人：做儿子的应安分守己，谨守家业；做父母的，要严于治家，教子向上。文章对产生不肖之子的原因未直接说明，但从不肖之子败家过程的叙述中，可以看出，父兄自己立身不正、治家不严是一个原因，外界的影响也是一个原因。文章还揭示了这样一个问题：社会上的腐朽现象会影响子女的品行，而不肖之子的出现，又增加了社会的腐朽现象。所以教子不仅关系到子女，关系到自己，也关系到国家社会。

郑太和《子弟规范》

简　介

郑太和，婺州浦江人。郑氏家族十世同居，历经240余年。在郑太和从兄郑文嗣掌家期间，郑氏家族受到元朝统治者的表彰。郑文嗣去世后，郑太和主家，更加严格治家，团结族人。又受到朝廷免除租税徭役的奖励，并被命名为“东浙第一家”。郑太和有《郑氏家范》3卷。

子弟未冠者，学业未成，不听食肉。古有是法，非惟有资于勤苦，抑欲其识齑盐之味①。

女适人者若有外孙弥月之礼②，惟首生者与之，余并不许，但令人以食味慰问之。

桥圮路淖，子孙倘有余资，当助修治，以便行客。或遇隆暑，又当于通衢设汤茗一二处，以济渴者。自六月朔起，至八月朔止。

子孙须恂恂孝友，见兄长坐必起，行必以序，应对必以名，毋以尔我，诸妇并同。

子侄年非六十者，不许与伯叔连坐，违者家长罚之。食膳不拘。

卑幼不得抵抗尊长，其有出言不逊制行悖戾者，姑诲之。诲之不悛者，则重箠之③。

子孙受长上诃责，不论是非，但当俯首默受，毋得分理。

子孙固当竭力以奉尊长，为尊长者亦不可挟此自尊，攘拳奋袂，忿言秽语，使人无所容身，甚非教养之道。若其有过，当反覆论戒之。甚不得已，会众箠之，以示耻辱。

子孙饮食，幼者必后于长者。言语亦必有论，应对宾客不得杂以俚俗方言。

子孙不得谑浪败度，免巾徒跣④。凡诸举动，不宜掉臂跳足，以蹈轻儇⑤。见宾客亦当肃行祇揖⑥，不可参差错乱。

子孙不得目视非礼之书，其涉谑浪淫亵之语者，见即焚毁之，妖幻符咒之属并同。

子孙毋习吏胥，毋为僧道，毋押屠竖，以坏乱心术。当时时以仁义二字铭心镂骨，庶或有成。

广储书籍以惠子孙，不许假人，不致散逸。仍识卷首云：“某氏书籍，子孙是教，鬻及借人，兹为不孝。”

子孙自八岁入小学，十二岁出就外傅，十六岁入大学。聘致明师，必以孝悌忠信为主，期至于道。若年至二十一岁，其业无所就者，令行治家理财。向学有进者不拘。

子孙年十二，于正月朔出就外傅。见灯火不许入中门，入者箠之。

子孙为学，须以孝义切切为务。若一向偏滞词章，深所不取。此实守家第一事，不可不慎。

子孙年未二十五者，除绵衣用绢帛外，余皆用布。除寒冻取用蜡屐外，其余遇雨，皆以麻履从事。三十里内并须徒走，初到姻亲家者不拘。

子孙年未三十者，酒不许入唇。壮者虽许少饮，亦不宜沉酗杯酌，喧闹鼓舞，不顾尊长，违者责之。若奉延宾客，惟务诚悫⑦，不必强人以酒。

子孙当以和待乡曲，我宁容人，毋使人容我。切不可先操忽人之心，若累相凌逼，进进不已者，当以理直之。

子孙处事接物，当务诚朴，不可置纤巧之物。务以悦人，以长华丽之习。

子孙毋得与人眩奇斗胜，两不相下。彼以其奢，我以吾俭，吾何害乎？

俗乐之诲淫长奢，切不可令子孙及臧获辈习肄之⑧，违者家长箠之。

子孙不得畜养飞鹰猎犬，专事逸游。亦不得恣情取餍以败家事，违者以不孝论。

子孙不得私造饮馔，以徇口腹之欲⑨。违者姑诲之，诲之不悛即责之。产者病者不拘。

——《郑氏家范》

注　释

①齑（jī）：加工成碎末的蔬菜。

②弥月：满月。

③悛（quān）：悔改。箠（chuí）：鞭打。

④谑浪：戏谑放荡。徒跣（xiǎn）：光脚。

⑤轻儇（xuān）：轻薄。

⑥祗（zhī）：恭敬。

⑦悫（què）：诚实。

⑧臧获：奴婢的贱称。肄：学习、练习。

⑨饮馔（zhuàn）：饮食。郑氏一族同居，因此不准子弟另灶炊食。

译　文

子弟未行冠礼的，学业未成，不准吃肉。古代就有这种规定，不仅有助于培养勤苦学习的精神，也是要他们知道吃咸菜的味道。

女儿出嫁后如有外孙满月的庆典，只有第一次生育时家中去人参加，其余一概不许参加，只让人送食物去慰问。

桥梁坍塌道路泥泞，子孙倘若资金有余，应赞助修理，以便行人。如果遇到酷暑，又应当在大路边设一二处茶水，以供口渴的人饮用。自六月初一开始，到八月初一结束。

子孙必须诚恳认真地孝顺友爱，见到兄长时坐着的必须起立，走路时必须长幼有序，应答时必须称名，不能称你、我，媳妇也是一样。

儿子、侄年龄不到60岁的，不许和伯父、叔父并坐，违犯者家长要责罚。吃饭时不加拘束。

卑贱幼小的不准违抗尊贵年长的，如有出言不逊，对抗顶撞的，姑且加以教诲。教诲不改的，则重重鞭挞。

子孙受长辈呵斥，不论是非，只应俯首默默接受。不得分辩。

子孙当然应竭力听从尊长，做尊长的也不可依仗名分妄自尊大，伸拳挥袖，怒气冲冲满嘴脏话，使晚辈无地自容，这绝不是正确的教育方法。如果晚辈有过错，应反复说理告诫。万不得已，召集族人当众鞭挞，使他感到耻辱。

子孙吃饭时，年幼者应在年长者后面。言语也必须有条理，应答宾客时不得夹杂俚语方言。子孙不得戏谑放荡，败坏法度，不得不戴头巾、不穿鞋子。一举一动，不可掉臂跳足，显出轻浮浅薄。会见宾客时也应严肃恭敬有礼貌，不可错乱不整齐。

子孙不得看非礼之书，有涉及戏谑放荡、淫秽轻薄的，看到就烧毁，妖幻符咒之类的书也一样。

子孙不得学习吏胥，不得做和尚道士，不得亲近屠夫僮仆，以至于败坏扰乱了思想。应当时时刻刻将仁义二字铭心镂骨，这样才有可能有所成就。

广泛收藏书籍留给子孙，不许借给别人，以至于散佚。卷首处一律题词："某氏书籍，用来教育子孙，如果出售或借人，就是不孝。"

子孙从8岁入小学，12岁出外就学，16岁入大学。招聘良师，一定要以孝悌忠信为主，以期完善道德修养。如果年龄到21岁，学业上无所成就，就让他从事治家理财。一心向学，学业精进的不受拘束。

子孙年龄12岁，于正月初一出外就学。见到灯火不许进入中门，进入者受鞭挞。

子孙为学，必须以孝道仁义为重。如果一味偏执于词章，这是很不可取的。这实在是保持家风的第一件事，不可不慎重。

子孙年龄未到25岁的，除了绵衣可用丝绸外，其余全都用布。除了冷天用屐外，其他时间遇到下雨，全都着麻鞋外出。30里以内必须一概步行，初到姻亲家时不受拘束。

子孙年龄未满30岁的，酒不许入口。壮年虽允许少喝，也不应贪杯酗酒，喧闹乱跳，不顾尊长，违者受责罚。如果款待宾客，只须诚恳待客，不必强迫客人饮酒。

子孙应用和蔼的态度对待乡亲，宁可容忍别人，不可让别人容忍。切不可自己先持轻视别人的态度，如果别人屡次欺凌逼迫，步步进逼，则应据理力争。

子孙处事接物，应力求诚恳朴实，不可购置纤巧之物，以图取悦他人，去助长华丽的风气。

子孙不得和别人争奇斗胜，不甘人下。别人讲他的奢侈，我求我的俭朴，这对我有什么妨害呢？

俗乐俗曲诲淫长奢，切不可让子孙及奴婢学习演唱，违犯者家长要加以鞭挞。

子孙不得畜养飞鹰猎犬，专门从事游乐。也不得纵情吃喝败坏家业，违者以不孝论处。

子孙不得私自加工饮食，来满足口腹之欲。违犯者姑且教诲，教诲不改就责罚。产妇病人不受此限。

评　析

《郑氏家范》之所以有较大的影响，其原因大致有三：一是郑氏世代合族而居，受到世人的推崇和统治者的表彰，因而引起了人们对郑氏家规的注意；二是《郑氏家范》条目较为完备、周到；三是其各项规定比较恰当，实用。

《郑氏家范》对子孙的要求，从学习到生活饮食，从礼节礼貌到日常行为，从未冠到老年，都有具体的规定。这些规定，基本上制约了子孙在思想道德、学业、人格等方面的趋向，因此说还是比较完备的。其不足之处，是对子孙的早期教育涉及较少，这一点，若与宋代朱熹等人的家教思想相比较，就可以明显地感觉到。至于说它较为恰当、实用，则是根据当时的社会环境来说的，并不是说它符合今天的观念。《郑氏家范》作为封建家规，有许多维护封建家长制度和封建伦理道德的严格戒律，但尚未发展到迂执、僵化甚至不近人情的地步。总的来看，还是合乎人情的。例如它在强调子弟对家长的绝对服从的同时，也要求家长不得专横跋扈，妄自尊大，待下粗暴。它的多数要求、规定，对一般人来说也是应该做到，可以做到的。因此，《郑氏家范》给人总的印象是中肯、朴实。

曹端《爱子孙》

简　介

曹端（1375—1434），字正久，号月川先生，私谥静修。渑池人，明永乐六年举人。是著名的理学家、教育家，被称为“明初理学之冠”。曾任霍州学正，在学生中和社会上享有很高的声望，去世后“诸生服心丧三年，霍人罢市巷哭”。

曹端有《孝经述解》、《四书详说》、《周易乾坤二卦解义》、《性理文集》、《儒学宗统谱》、《存疑录》等著作。他非常重视家教，有《夜行烛》、《家规辑略》等有关家教的专著。

惟德动天，善不可不修于身。惟天眷德，善不可不传于后。今人虽有爱子孙之心，而不知爱子孙之道，但惟以私利爱之而已，而不知私利之爱乃趋火赴渊之筹、覆宗绝嗣之计也。

家严明见此理，故常训于家曰："修身岂止一身休，要为儿孙后代留。"此保爱子孙之心也。

——《夜行烛》

译　文

只有德行才能感动上天，所以自己不可不为善。天只眷顾有德之人，所以善心不可不传给后代。今天的人虽然有爱子孙的心，却不知爱子孙的正确方法，只想用私利去爱他们，而不知道用私利爱子孙是打算让子孙下火海入深渊，是想使自己灭族绝后。家父清楚地看到这个道理，所以常常在家中训诫说："品德的修养岂止是自己一人的事，要把良好的品德留给儿孙后代。"这才是爱护子孙之心。

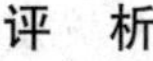

评　析

曹端是一位对家教问题颇有研究的学者，他的《夜行烛》和《家规辑略》，在当时和后来都产生了很大的影响，曹端的家教思想的核心，是教人为善，认为为善是家庭和睦兴旺的根本。他反对当时社会上流行的以崇佛道、敬鬼神为善的思想，主张用中国传统的儒家思想来教人为善。他的《夜行烛》就是一部针对佛道盛行的流俗，用儒家思想指导家庭生活的著作。对于我们来说，儒家的思想也并非是先进的东西，但曹端这种不随流俗、扶正去邪的精神还是值得肯定的。

《庭帏杂录》二篇

简　介

《庭帏杂录》为明代袁衷兄弟五人记其父袁参坡及母李氏夫人言行的一本书。袁衷，明东莞人，字秉忠，正统年间进士，曾任户部主事及梧州、永州知府等，颇有政声。袁参坡及李氏生平不详，时人钱晓称“参坡博学惇行，世罕其俦。李氏贤淑有识，磊磊有丈夫气。”（《庭帏杂录·后跋》）。书中所记嘉言懿行，不少可为今日家庭教育之参考。

薪菜交易

吾父不问家人生业，凡薪菜交易皆吾母司之。拜银既平，必稍加毫厘。余问其故，曰：“细人生理至微[1]，不可亏之。每次多银一厘，一年不过分外多使银五六钱，吾旋节他费补之。内不损己，外不亏人。吾行此数十年矣，儿曹世守之，勿变也。”

——《庭帏杂录》卷下

注　释

①细人：小人，这里指小商贩。

译　文

我父亲不掌管家中的生计。凡是柴和蔬菜的交易都是我母亲经手的。每次买东西已经称够了银子，还要稍稍再加毫厘。我问这样做的道理，母亲说：“小民赖以维生的本钱很小，不可亏待了他们。每次多给他们一厘银，一年之中多花的银子也不过五六钱，我会节省其他费用弥补上。这样对内于己无损，对外也不亏坑他人。我这样做已经几十年了，你们应当世世代代遵守这一点，不要改变啊。”

亲戚来访

远亲旧戚，每来相访，吾母必殷勤接纳，去则周之。贫者，必程其所送之礼①，加数倍相酬。远者，给以舟行路费。委屈周济②，唯恐不逮。有胡氏、徐氏二姑，乃陶庄远亲，久已无服③，其来尤数④，待之尤厚，久留不厌也。刘光浦先生尝语四兄及余曰⑤：“众人皆趋势，汝家独怜贫。吾与汝父相交四十余年，每遇佳节，则穷亲满座，此至美之风俗也。汝家后必有闻人，其在尔辈乎?”

——《庭帏杂录》卷下

注　释

①程：计算。

②周济：救济。

③无服：服，丧服，古代用以表示亲属关系的远近。无服，指“五服”以外，关系已属远的亲戚。

④数（shuò）：次数多。

⑤余：指袁衷弟袁衮。

译　文

远旧亲戚每次来访，我母亲一定殷勤接待，走的时候还周济他们。对那些贫穷的，必定估量他们所送礼的价值，加倍酬还他们。路程远的，则提供车船的费用。全心全意救济亲戚，唯恐有做的不够的地方。有胡氏，徐氏两个姑姑，是陶庄的远亲，早都出服了，来的次数尤其多。对待她们也格外优厚，即使长住也不厌烦。刘光浦先生曾经对四哥和我说：“众人都趋炎附势，你家却怜悯贫弱。我和你父亲交往了四十多年，每逢佳节，你家穷亲戚满屋子，这是最好的风气啊。你家日后必定出名人，也许就在你们这一代中吧！”

评　析

“薪菜交易”和“亲戚来访”虽为两件小事，却体现了李氏夫人体恤劳苦、不忘穷亲的美好品德。而通过身体力行为子孙作出榜样，更是家教的一种良好方式。较之今日那些坑、蒙、拐、骗，趋炎附势，处处给子女不良影响的家长们，实不可同日而语。

王守仁《子孙计》

简 介

王守仁（1472—1528），字伯安，号阳明先生，浙江余姚人。明弘治十二年进士，官至南京兵部尚书。曾镇压农民起义，死后谥号文成。王守仁是明代著名学者，姚江学派（也称阳明学派）的创始人。他反对朱熹的“外心以求理”，主张“求理于吾心”，“心外无物、心外无理”。有《王文成公全书》38卷。

今人不忍一言之忿，或争铢两之利，遂相遘讼[①]。夫我欲求胜于彼，则彼亦欲求胜于我，仇仇相报，遂至破家荡产，祸贻子孙。岂若含忍退让，使乡里称为善人长者，子孙亦蒙其庇乎。

今人为子孙计，或至谋人之业，夺人之产，日夜营营，无所不至，昔人谓为子孙作马牛。然身殁未寒而业已属之他人，仇家群起而报复，子孙反受其殃，是殆为子孙作蛇蝎也。吁，可戒哉！

——《谕俗》

注 释

①遘（gòu）讼：打官司。

译 文

如今的人不能忍受一句话引起的忿恨，或者为了争夺一铢一两的小利，就打起官司来。我想打赢别人，别人也想打赢我，冤仇相报，最终倾家荡产，贻祸子孙。何不含忍退让，让乡亲邻里称你是善人长者，子孙也可受到庇护。

如今的人为子孙打算，有的甚至算计别人的家业，夺取别人的财产，早晚营营碌碌，无所不为，过去人们称这是为子孙当牛马。然而人一死尸骨未寒产业就已经属于别人，仇家群起报复，子孙反而受到祸害，这怕是为子孙作蛇蝎了。啊，值得警戒啊！

评 析

王守仁教子弟，也颇有其“心学”的特色。他教育儿子做人的关键是心地，心地的好坏决定人的好坏；认为文章只是枝叶小事，立志才是根本。和前代的理学家一样，他也教育子弟要谦恭忍让，认为这是“善人”的品质。并且认为谦恭忍让，与人无争是家业兴旺的保证。这些观点，如果不做片面的强调，都是有一定道理的。

王守仁认为人都有先天的良知，“不待学而有，不待虑而得”。但在教育自已的子弟时，他却丝毫不敢忽略外界环境对子弟的影响，以至于外出任职之前，要在客座上铭文告诫子弟与来客，谨防子弟受外界影响而变坏。可见，即便是王守仁这样的“心学”家，在家教实践中也不得不重视客观环境对人的作用。

编歌谣、铭客座、题扇，因地因时，方法灵活多样，这也是王守仁教子的特点。

周怡《勉谕儿辈》

简　介

周怡，字顺之，明代太平县人。嘉靖十七年进士，曾任吏部给事、太常少卿、国子监司业等官职。在朝直言进谏，不畏权贵，是当时著名的直臣之一。

嘉靖二十二年任职吏部时，上书指责严嵩专权，触怒明世宗，受杖刑，遭监禁。隆庆元年复职后，又因上疏陈事，“语多刺中贵”，“由是忤旨”，再遭贬谪。死后追谥“恭节”，有《讷溪集》。

由俭入奢易，由奢入俭难。饮食衣服，若思得之艰难，不敢轻易费用。酒肉一餐，可办粗饭几日，纱绢一匹，可办粗衣几件。不饥不寒足矣，何必图好吃好著？常将有日思无日，莫待无时思有时，则子子孙孙常享温饱矣。

——《周恭节集》

译　文

由俭朴进入奢侈容易，由奢侈进入俭朴则难。饮食衣服，如果想到得来艰难，就不敢轻易费用。酒肉一餐，可办几天的粗饭；丝绸一匹，可办几件粗衣。不饥不寒就够了，何必追求好吃好穿呢？常常在有的时候想到没有的日子，不要等到没有的时候去想有的时候，子子孙孙就可以常享温饱了。

评　析

家业兴盛、子孙无患是人们正常的愿望，然而什么是盛、什么是衰，什么是福、什么是祸，人们的看法是不一样的。周怡认为盛衰不在于贫富，福祸不在于得失，而在于子孙是否有高尚的品德、宽广的胸怀。自私狭隘的人，无论处于富贵还是贫贱，都不可能享受幸福，幸福属于有道德的人。这种盛衰福祸观是很有道理的，古今中外的许多事例都证明了，财富、权势并不能给人带来幸福，只有高尚的品德、善良的气质、宽广的胸怀才是幸福的源泉。每一个希望后代幸福、家庭兴旺的人，都应明白这个道理，并且使后代也明白。

罗洪先《谕俗》、《示后生》

简 介

罗洪先（1504—1564），字达夫，号念庵，明代江西吉水县人。嘉靖八年（1529年）状元，授修撰，官至左春坊左赞善。隆庆初，赠光禄寺少卿。谥文恭。有《念庵文集》22卷。罗洪先为明代著名哲学家，宗王阳明心学。然其主张学在经世，“良知”需经努力培养，又与王学之专为静悟守枯者不同。其《谕俗》、《示后生》，出自内心体验，对持家、为人都有指导作用。

谕 俗

训子弟，教诗书、守道理为第一事，不得假之声势，诱以利欲。盖年少习惯成性，既长变化甚难。此系家道兴衰，不可

不慎。

——《念庵文集》卷六《杂著》

译 文

教导子弟，应把教以诗书、使他遵守道理为第一要紧的事，而不能把声势借给他，以利欲引诱他。这是因为年少之人容易习惯成性，长大后再改变就很难。这关系到家道的兴盛与衰落，不可不小心。

评 析

每位家长，都把教育后代作为家政中的重要事情，但教育的内容与指导思想却迥异。“教诗书、守道理”者有之，“假以声势，诱以利欲”者亦有之。前者可使子弟成为对社会和家庭有用的人材；而后者，则十之八九要成为危害社会的纨绔恶少。而且，罗洪先认识到，教育子弟应从小时候抓起，如果听之任之，让他们“习惯成性”，那么长大后就很难向好的方面转化了。

示后生

衣服饮食之间，虽日用小节，却关系心术不细[①]。好驰骋便落俗见[②]，务朴实便近天常[③]。食色固是至性[④]，然不可无检制[⑤]。故曰：节性……是不敢任情自遂之谓[⑥]。天性在人，犹金出矿，

不经火候锻炼，终不成器，使用不得。至性亦然。故节啬一著乃锻炼之助，到得不生贪著⑦，即心体泰然，焉往不利？

——《念庵文集》卷八《诠著》

注　释

①不细：不小。

②驰骋：追逐，犹今日所谓“赶时髦”。

③天常：自然常理，人的天性。食色固是至性：饮食和男女之爱固然是人的天性。

④至性：天性，本性。

⑤检制：检点，制约。

⑥任情自遂：由着性子，想怎么样就怎么样。

⑦著：此指地步、程度。

译　文

穿衣吃饭虽然是日常小事，却和内心修养有很大关系。喜好赶时髦就会流于世俗之见，追求朴素实用就符合人的天性。饮食和男女之爱固然是人的本性，但不能没有节制。所以说，节性就是不敢放任自流的意思。天性对于人来说，就好比是黄金出自矿藏，不经过烈火的锻炼，就会永不成器，不能使用。人的本性也是这样。所以，节制、俭约的办法是锻炼天性的辅助，一旦到了不生贪心的地步，就能身心安然，干什么会不顺利？

评　析

一个人堕落变质，一开始并不见得是从大的方面。就说穿衣吃饭这些日常小事吧，有不少人娇生惯养，讲究吃穿，赶时髦，摆阔气，从而一步一步走向另一个极端。古代儒者并不反对“食”、“色”，但却主张有节制，有一个“度”。超过一定的限度，好事也会变成坏事。这就是古代的辩证法。所以，古人说要“防微杜渐”。并且，罗洪先主张，人要“成器”须经锻炼，要有所约束，而不能任其发展。这也近乎“真理”。

庞尚鹏《端好尚》

简　介

庞尚鹏（？—1580），字少南，明代广东南海人。嘉靖三十二年进士。除乐平知县，擢御史，历任大理右寺丞、左副都御史。后被罢官，卒于家。尚鹏介直无所倚，所至搏击豪强，施惠于民。卒后，浙江、福建、广东之民立祠祀之。有《百可亭摘稿》及《庞氏家训》传世。

子弟立身，非惟颠狂灭义①、淫纵伤生，当刻骨痛戒；即嗜好之偏，如广交延誉②、避事耽闲③，溺琴棋、聚宝玩、购字画、乐歌舞，此皆丧志之具④。彼自谓放达清流⑤，岂知其为身家之蠹哉⑥！

——《庞氏家训》

注　释

①颠狂灭义：疯疯癫癫、没有人性。

②延誉：播扬名誉。

③耽：沉溺。

④具：行为。

⑤放达清流：品味高雅，举止清高。

⑥蠹：蛀虫。引申为败坏。

译　文

年轻人学习做人，不仅对那些疯疯癫癫、没有人性、过度放纵的行为要下决心戒除，而且，那些爱好上不正确的行为，比如滥交朋友以播扬声誉，不务正事、游手好闲，沉溺于琴棋、积聚宝玩、购买字画、醉心歌舞等，这些也都是使人丧失志向的行为。他们自以为这样才显得旷达高雅，哪知其足以败坏自身和家庭。

评　析

凡事皆须有“度”，若不务正业，一味沉溺于某种嗜好，则必致“玩物丧志”。今日家庭教子，皆极重培养子女的爱好，但应切记，勿使子女过分耽于玩乐。身家之蠹，不可不戒！

王樵《示子孙》

简　介

王樵（1521—1599），字明逸（一作明远），号方麓，金坛县（即今江苏省金坛县）人。嘉靖二十六年（1547年）进士，历官行人司行人、刑部员外郎、山东按察司佥事、南京刑部右侍郎等，官至南京都察院右都御史，卒谥恭简。有《方麓集》16卷及《读律私笺》、《周易私录》、《尚书日记》、《书帷别记》、《春秋辑传》等并传于世。王樵为人恬淡诚恪，温然长者，政务之暇，究心学问。万历初，张居正当国，御史刘台劾之，居正乞归，诸曹奏留，独王樵请全谏臣以安大臣，居正怒之。金坛王氏族大事繁，故其家教不仅量大，而且涉及到读书、治家、做官、为人诸方面，在明代具有特色。兹择其要者选评，以见一斑。

人生忌安逸，清时无幸民。士当勤读书，农当力耕耘。实益在勤俭，实修在天伦。未有天伦厚，人或忘其根。慈父生孝子，孝子生慈孙。慈孝匪相报[1]，末茂本之深。人有亲中贤，尊贤且亲亲[2]。亲贤得其所，其道并相惇[3]。禹不贵尺璧，而乃惜寸阴[4]。太康坠厥绪，逸豫乃其因[5]。吾产诚已薄，吾志良亦勤。事欲得其继，言欲传其心。心传吾不死，望尔后之人。愿毋听藐藐[6]，负我诲谆谆。

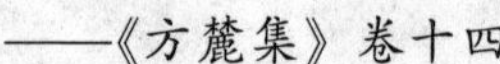
——《方麓集》卷十四

注　释

①匪：此处同“非”。

②亲亲：亲爱其所应亲爱者。《礼记·中庸》：“仁者人也，亲亲为大。义者宜也，尊贤为大。”

③惇（dūn）：敦厚，厚道，诚实。

④禹不贵尺璧，而乃惜寸阴：禹，传说中的上古部落首领(其子启，开创子夏王朝)。据记载，禹爱惜每一寸光阴，故《淮南子》云：“圣人不贵尺之璧，而重寸之阴。”

⑤太康：夏代帝王，启的儿子。史书记载他荒淫暴虐，被有穷之君羿所逐。坠厥绪：使……的脉络废止。逸豫：放纵嬉戏。

⑥藐藐：轻视的样子。此指听不进去！

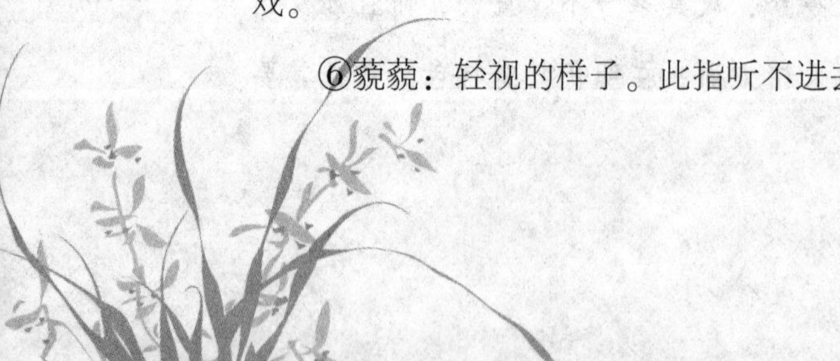

译　文

人生最怕的是安闲逸乐，须知清平时代没有享乐之人。学生就要勤奋读书上进，农民就应该努力耕耘。获得实际利益在于勤奋节俭，实际的修养应在一家天伦。从来没有天伦敦厚的人家，有谁会忘记了来源与根本。慈祥的父亲生养孝顺的儿子，孝顺的儿子再生养可爱的贤孙。慈爱与孝顺不是互相回报，枝叶茂盛是因为树根很深。亲属中如果有贤能之人，尊敬贤者的同时也就是敬爱其亲。要想把亲属与贤才都放在适当的位置，最好的办法就是一体共尊。夏禹不珍爱硕大的玉璧，但他却爱惜每一寸光阴。太康被放逐中止了夏朝的国脉，放纵享乐就是其根本原因。我的家产诚然已经很少，但我却能够立志勤奋。希望事业能有人继承，希望言语能传达出我的内心。把心意传达给你们就等于我不死，我把希望寄托给你们后辈人。但愿不要把我的话当耳旁风，辜负了我对你们的教诲之恩。

评　析

这首家教诗，强调了两方面的内容。

一、勤俭惜时，严戒逸乐。他指出，不管干什么，都要勤修其业，不可怠忽逸豫。他以夏禹与太康作为正反两方面的例子，来警诫子孙。

二、孝亲敬贤，培本敦伦。他认为，只要天伦敦厚，人就不会忘了根本；父慈就能子孝，子孝才能孙贤。因而，要想让家族之树根深叶茂，必须在天伦方面实修，必须孝亲尊贤，一体同尊。可见，王樵这首诗中所教诲的，正是家政中的两大重点，子孙若能恪守，必可修身齐家。

丁耀亢《十败》（节）

简　介

丁耀亢（1599—1669），字四生，号野鹤，又号紫阳道人、木鸡道人，山东诸城人。清初著名文学家。一生著述甚丰，主要有诗集《逍遥游》、《陆舫诗草》、《椒丘诗》、《江干草》、《归山草》、《听山亭草》、《问天亭放言》；传奇剧本《化人游》、《赤松游》、《西湖扇》、《蚺蛇胆》（亦名《表忠记》）；小说《续金瓶梅》；文集《天史》、《出劫纪略》、《家政须知》等。丁氏自谓十六持家，而写成于71岁的《家政须知》，共分“勤本”、“节用”、“逐末”、“习苦”、“防蠹”、“多算”、“广积”、“通变”、“因时”、“十败”等10个部分，实是其一生家教经验的总结。

败家之子，性与人殊。未至败家，必先失德。……约略其状，名之以禽虫，言其非人类也。凡庸人多喜睡，惰子必晚起；或有长夜饮博，妻妾酣眠，日高而卧，门户不启者，吾名之曰“瞌睡虫”。欠债而反揭债，欠粮而更贷粮，本利倍加，势必典衣物钗钏，终年不能赎，尽为质当所有，名之曰“蛇蜕皮”。债不能完，必至卖产；官粮不输，必至卖宅；或减价准于债主[①]，或求售入于豪门；甚至卖屋卖砖，卓锥无地，名之曰“穴地老鼠”。膏粱之子必贪口腹，佚游宴乐，酒肉如流，家兄旬日之粮，座满游闲之客，名之曰“吞山虎”。酒囊饭袋，目不识丁，田荒而不思治，屋倒而不知修，前人所遗，坐食而尽，名之曰“井底蛙”。悍妇当家，外嬖专宠[②]，囊橐在人[③]，身如寄生，心虽有知，力不能断，名之曰“死肥鹅”。坐食既空，便卖家器，桌椅床凳，尽为人有，搜卖树木，并及坟林，名之曰“啄木虫”。古书名画，前人所藏,借与人而不还；或为奴婢所窃，糊窗覆瓿[④]，裱背包裹[⑤]，间有全者，贱售于人，名之曰“吃书鱼”。家产既尽，无以谋生，……名之曰“寒号虫”。

——《家政须知》

注　释

①准：抵偿。

②外嬖（bì）：正妻之外被宠幸者。

③囊橐（tuó）：口袋。

④瓿（bù）：缸、瓮之类的陶器。

⑤裱背：裱，用纸、布或丝织物将物体粘糊、衬托起来。背，通“褙”，将布或纸一层一层地粘在一起，俗称“打褙子”。

译　文

败家之子，其习性与常人不一样。未到败家的程度，必定先丧失其德行。……大略归纳其表现，用动物来命名，以表示他们不是人类。大凡平庸之人多喜欢睡懒觉，怠惰子弟必定晚起；甚或有通宵达旦地宴饮、赌博，而后与妻妾酣眠，太阳老高了都不起床、不开门的，我给他起名叫“瞌睡虫”。欠了债却反而借债，欠了粮反而又借粮，本利成倍地增加，为了偿还，势必要典当衣物首饰而整年都不能赎回，终至全为当铺所有，这叫做“蛇蜕皮”。欠债不能偿还，最终必定要变卖田产；官粮不能缴纳。最终必定要变卖房宅；有的减价抵偿给债主，有的为求售卖入豪门；甚至卖屋卖砖，身无立锥之地，这叫做“穴地老鼠”。富贵人家子弟，必贪吃喝；游玩宴饮，大肆挥霍；家中无十日之粮，却坐满子游手好闲之客；这叫做“吞山虎”。酒囊饭袋，目不识丁，田地荒芜而不想到整治，房屋倒塌而不知道修缮，前人的遗产，一味消耗而光，这叫做“井底蛙”。厉害老婆当家，姬妾专宠，财产的掌管全在他人，自身反如寄生；心里倒也知道，然而缺乏决断能力，这叫做“死肥鹅”。消费空匮之后，变卖家具器物，桌椅床凳尽为他人所有；尔后搜求树木出卖，连坟地的林木也不放过，这叫做“啄木虫”。前人所藏的古书名画，借与别人而不索还；或者被奴婢偷去糊窗盖瓮、裱褙鞋袜、包装东西，间有全整的，也贱卖给别人，这叫做“吃书鱼”。家产光了之后，又无谋生的手段，……这叫做“寒号虫”。

评 析

丁氏言“败家之子”，其着眼点主要在能否保全祖业方面，固与今之败家子含义不尽相同。然其列举败家子失德之种种表现，刻画败家子形象之种种比喻，令人捧腹之余，实不得不引为鉴戒。像“瞌睡虫”、“蛇蜕皮”、“吞山虎”、“井底蛙”、“啄木虫”、“吃书鱼”这类现象，在当今的家庭中也还是不同程度地存在着。丁氏以文学家之笔，而为家教之文，虽意在挖苦，然其教育意义实是不可抹煞的。

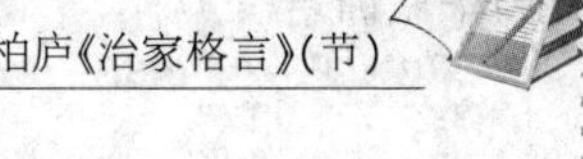

朱柏庐《治家格言》（节）

简　介

朱柏庐（1617—1688），名用纯，字致一，自号柏庐，江苏昆山人。明生员，入清后在家乡授徒。著有《治家格言》、《大学中庸讲义》、《愧讷集》等。《治家格言》又称《朱子家训》，清代曾定为蒙学课本，流传甚广。

黎明即起，洒扫庭除[①]，要内外整洁；既昏便息，关锁门户，必亲自检点。一粥一饭，当思来处不易；半丝半缕，恒念物力维艰[②]。宜未雨而绸缪[③]，勿临渴而掘井。自奉必须俭约，宴客切勿流连。器具质而洁[④]，瓦缶胜金玉[⑤]；饮食约而精，园蔬愈珍馐[⑥]。

居身务期俭朴，教子要有义方[⑦]。毋贪意外之财，毋饮过量之酒。与肩挑贸易[8]，毋占便宜；见贫苦亲邻，须加温恤[9]。刻薄成家，理无久享；伦常乖舛[10]，立见消亡。

嫁女择佳婿，毋索重聘；娶媳求淑女，毋计厚奁[11]。见富贵而生谄容者最可耻[12]，遇贫穷而作骄态者贱莫甚。居家戒争讼，讼则终凶；处世戒多言，言多必失。

人有喜庆，不可生妒忌心；人有祸患，不可生欣幸心。善欲人见，不是真善；恶恐人知，便是大恶。

——《东听语堂刊书》

注 释

①庭除：庭院。除：堂前。

②物力维艰：物资来的艰难。

③未雨而绸缪：天未下雨，即先将屋舍修好。比喻事前作好准备。

④质而洁：质朴而洁净。

⑤缶（fǒu）：瓦器。

⑥珍馐：珍奇而贵重的食物。

⑦义方：好的方法。

⑧肩挑：小商贩。

⑨温恤：关心体恤。

⑩乖舛（chuǎn）：违背、错乱。

⑪厚奁（lián）：丰厚的嫁妆。

⑫谄（chǎn）容：谄媚的神态。

译　文

天刚亮就起床，洒水打扫院子，要使内外都整洁。天一黑就休息，将门窗关好，务必亲自检查。一碗粥一碗饭，都应当想到来的不容易；半根丝线，也要常常想到物资来处艰难。应当在下雨前就修好房舍，不要等到渴了才去掘井。自己的日常费用必须节俭，宴请宾客切莫拖延时间。用具质朴而洁净，瓦盒胜过金玉器皿；饮食少而精，园中的蔬菜胜过山珍海味。

立身处世务求俭朴，教子一定要有好的方法。不要贪图意外之财，不要喝过量的酒。与小商贩进行交易，不要占便宜；见到贫苦的亲戚邻居，必须加以关心体恤。凡是以刻薄手段成家的。没有长久安享的道理；凡是违背人伦的，立刻就会消亡。

嫁女应选择好女婿，不要索取重的聘礼；娶儿媳要找好女子，不要计较有无丰厚的嫁妆。见到富贵者而表现出谄媚神态的人最可耻，遇到贫穷者而作出一副骄奢姿态的人最下贱。居家切忌打官司；处世忌多言，言多必定有失。

别人有喜庆事，自己不可生妒忌之心；别人遇上灾祸患难。自己不可幸灾乐祸。做好事想让人见到，那不是真正的好事；做坏事怕人知道，这便是最大的罪恶。

评　析

朱氏谈治家，主要教人以正心为本，以勤俭自守为重，以不要节外生枝为戒。可以看出，在他的思想中，程、朱理学的影响是很重的。对此，我们今天要加以分析。任何时候，严格要求自己总是对的，但过于小心谨慎，缩手缩脚，也不见得是好事，至少会缺乏开创精神。

蒲松龄《戒戏》

简　介

蒲松龄（1640—1715），字留仙，一字剑臣，别号柳泉居士，世称聊斋先生。山东淄川人。清初著名文学家。他19岁初应童子试，即以县、府、道三试皆第一补博士弟子员，但此后却屡试不第。他大半时间是为别人做私塾先生。直到71岁始撤帐归家。72岁援例成为岁贡生。一生怀才不遇，穷困潦倒。所著除《聊斋志异》外，尚有文集13卷、诗集6卷、词1卷以及杂著5种、戏3出、俚曲14种，多被收入路大荒辑《蒲松龄集》中。

《诗》云：“朋友攸摄，摄以威仪。”①盖友必敬，而始能久。每见今之交好者相逢，嘲骂喧阗②，满屋鄙俚之语，不堪

听闻。彼轻之，我重之，彼重之，我益甚之，卒之激羞成怒，衔怨不解，遂有以数十年童稚之交，一旦而成切齿之恨者，岂不可笑之甚哉！市井之词，固涉恶道；尖巧之语，亦属轻薄。一笑哄堂，自觉快意；不知人能胜我，则反复益苦，人不能胜我，则惭恨不解。以此为戒，不唯交道可全，亦免祸之一端也。

——《聊斋文集》卷十

注　释

①《诗》云：这两句见《诗经·大雅·既醉》，意为朋友都要有威仪。

②阗（tián）：充斥。

译　文

《诗经》说："朋友们相互间都应注重威仪。"这是因为朋友间必须互敬，其交情才能持久。但每每见到当今那些要好的人碰到一起，嘲笑辱骂之声喧耳，满屋子都是粗话，令人不堪听闻。你说的轻一点，我就说的重一点；你重了，我又更加过分。最后终于由羞变怒，结成不解之怨，于是便出现了有着数十年的交情而一旦之间成为仇人的情况，岂不太可笑了！下流的言词，当然与邪恶相关；而那些尖刻奇巧的话语，也属轻薄一类。一阵哄堂大笑之后，自已觉得开心；却不知别人如反唇相讥，自己只能更加痛苦；别人没有还击我，则其羞惭和怨恨永远都无法和解。倘能以此为戒，那么，不仅朋友间的交情可以保全，也是免除祸患的一种作法。

评　析

《戒戏》选自《为人要则》，《为人要则》一组十二篇文章，虽是蒲松龄教诲其馆东王八垓之子弟的，实乃蒲氏家教思想之集中反映。就《戒戏》来看，已足令今人深思，蒲氏对朋友间嬉戏嘲骂的现象进行了谴责。他认为朋友间必须互敬，交情始能持久。若见面即相互嘲骂，满嘴粗话，貌似亲热，而实则易结下不解之怨，酿成切齿之恨。自古以来，这方面的教训真是太多了！例如宋代的黄庭坚，就曾因为对句而被宰相赵挺之所记恨。

郑燮《潍县署中寄舍弟墨第二书》（节）

简 介

郑燮（1693—1765），字克柔，号板桥，江苏兴化人。清代著名文学家、书画家。乾隆元年（1736年）进士，曾任山东范县（今属河南）、潍县知县十几年，颇能体察民情，抑富护贫。后因荒年替百姓请求赈济，得罪上司，辞官归家。其诗、书、画堪称“三绝”，为“扬州八怪”之一。

余五十二岁始得一子，岂有不爱之理！然爱之必以其道，虽嬉戏顽耍，务令忠厚悱恻，①毋为刻急也。平生最不喜笼中养鸟，我图娱悦，彼在囚牢，何情何理，而必屈物之性以适吾性乎！至于发系蜻蜓，线缚螃蟹，为小儿顽具，不过一时片刻便折拉而死。夫天地生物，化育劬劳，②一蚁一虫，皆本阴阳五行之气絪缊而出[3]。上帝亦心心爱念。而万物之性人为贵，吾辈竟不能体天之心以为心，万物将何所托命乎？……我不在家，儿子便是你管束。要须长其忠厚之情，驱其残忍之性，不得以为犹子而姑纵惜也[4]。家人儿女，总是天地间一般人，当一般爱惜，不可使吾儿凌虐他。凡鱼飧果饼，宜均分散给，大家欢嬉跳跃。若吾儿坐食好物，令家人子远立而望，不得一沾唇齿，其父母见而怜之，无可如何，呼之使去，岂非割心剜肉乎！夫读书中举进士做官，此是小事，第一要明理做个好人。可将此书读与郭嫂、饶嫂听，使二妇人知爱子之道在此不在彼也。

——《郑板桥集》

注　释

①悱恻：同情之心。

②劬（qú）劳：巨劳，多指父母养育子女的劳苦。

③絪（jīn）缊（yūn）：烟气盛貌。

④犹子：侄子。

译　文

我52岁才有了一个儿子，哪有不疼爱的道理！然而爱子也要遵循正道，即使嬉戏玩耍，也务必培养他的忠厚同情之心，而不要让他刻薄峻急。我平生最不喜欢在笼中养鸟，因为自己

贪图娱乐高兴，而让鸟在囚牢中，这种委屈生物性情而满足自我性情的作法，成什么道理！至于用头发系住蜻蜓，用线绳缚住螃蟹，以作为小儿的玩具，不过一时半刻便折腾死了。天地万物，生长养育够劳苦的了，即使一蚁一虫，都是由阴阳五行之气化生出的，上帝也心心爱念它们。而人贵为万物之灵，竟然不能体察上天之心以为己意，那么万物还将到何处去寄托他们的生命呢！……我不在家，我儿子便由你管教约束。主要应增长他的忠厚之情，驱除他的残忍之性，不能因为是侄子就姑息纵容他。家人的儿女，都是天地间一样平等的人，应当同样爱惜，不可让我儿凌辱、虐待他们。凡是鱼食果饼，应平均分配，让大家高高兴兴。若是只给我儿吃好的食物，让家人的孩子远远地站着巴望，不能到口，他们的父母见到后，虽爱怜己子也没有办法，不得已把他们喊走，那种心情岂不如同割心剜肉吗？读书中举、中进士、做官，这都是小事，第一要通晓事理做个好人。可将这封信读给郭嫂、饶嫂听，使两位夫人懂得爱子的方法应像我上面所说的，而不是别的什么。

评　析

这是郑板桥从潍县住所写给其弟郑墨的一封书信，目的是让其弟抓紧对他儿子的教育，从中很可以看出郑板桥的家教思想。板桥老年得子，而且常年在外，但对儿子却并不溺爱。他重视培养儿子的忠厚之情，恻隐之心；他主张从小就给儿子灌

输人与人平等的观念，反对孩子养尊处优。而更重要的是，他要儿子“第一要明理做个好人”，至于中举中进士做官，则都是小事。板桥的这种“爱子之道”是很值得今人借鉴的。

钱大昕《恒言录》（节）

简介

钱大昕（1728—1804），字晓征，号辛楣，号竹汀，江苏嘉定人。清代著名学者。乾隆十九年进士，改庶吉士；二十二年散馆，授编修。历充乡会试考官，提督广东学政。晚年主讲于钟山、娄东、紫阳书院。钱大昕始以词章名，被沈德潜推为“吴中七子”之一，后乃精研经史。主要著述有：《潜研堂文集》、《十驾斋养新录》、《竹汀日记钞》、《疑本录》等。

家有万贯，不如出个硬汉。

——《恒言录》卷六

译　文

家中拥有万贯财产，不如出一条硬汉。

评　析

万贯家财不及一条硬汉，这是钱公的独到之见。天下父母忙忙碌碌，为挣钱为生存疲于奔命，他们大多希望为家庭赢得一笔财富。其实，真正的财富并不是金钱，而是人，是有美德、有骨气的人。能培养出铮铮硬汉的家庭才是富有的家庭。而为父母者能赋予子女以良好的素质，胜过留给他们万贯家财。

盛喜中不许人物，盛怒中不答人简[1]。

——《恒言录》卷六

注　释

①简：书信。

译　文

极度高兴的时候，不要轻易许诺给别人东西；极度愤怒的时候，不要给别人回信。

评　析

盛喜中许愿与盛怒中复信同样会令当事人后悔不迭，并可能造成不应有的损失。尤其在社会交往日益频繁的今天，每个家庭成员都应牢记这一点，切不可为一时的情绪所左右。

《履园丛话》二则

简 介

钱泳（1759—1844），字立群。一字梅溪，江苏金匮（今无锡）人。清代著名文学家。能诗工书。一生未至显官，长期为人作幕，足迹遍及大江南北。其著述宏富，主要有《兰林集》、《梅溪诗钞》、《履园丛话》等。

不会做

后生家每临事，辄曰吾不会做①，此大谬也。凡事做则会，不做安能会耶？又，做一事，辄曰"且待明日"，此亦大谬也。凡事要做则做，若一味因循，大误终身。

——《履园丛话》

注　释

①辄：总是。

译　文

年轻人每逢遇到事情，总说“我不会做”，这话很不对。凡事只有做了才能会，不做怎么能会呢？另外，他们做事的时候，总说“姑且等到明天吧”，这也是十分错误的。凡事要做就做，如果一味拖延，将贻误终身。

评　析

钱泳在本文中从两句平常语“吾不会做”和“且待明日”中引出了见地颇深的观点。年轻人不仅要勇于尝试没有做过的事，而且必须具备勤勉的品质，唯此，事业才会有成。这也是为父为师者在教育子女时应注意的问题。

培　　养

子弟如花果，原要培植。如所种者牡丹，自然开花；所种者桃李，自然结实。若种丛竹蔓藤，安能强其开花结实乎？

——《履园丛话》

译　文

孩子如门前的花果，本来需要培植。如果种的是牡丹，它自然会开花；如果种的是桃李。它自然会结果。如果种的是丛生的竹子或蔓延的藤，又怎能强令它开花结果呢？

评　析

把孩子喻为花果并强调培植之重要，是钱泳教育思想中十分独到的观点。虽然其论调不无“先天论”之嫌。但顺乎儿童天性，有针对性地对儿童进行精心培养的教育方法，实可为广大家长之借鉴。

《退庵随笔》二则

简　介

梁章钜（1775—1849），清代著名文学家。嘉庆七年进士，官至江苏巡抚，兼署两江总督。以病乞罢，卒。梁章钜一生著述甚丰，主要有《夏小正通释》、《三国志旁证》、《清书录》、《称谓录》、《楹联丛话》、《归田琐记》、《退庵随笔》等。

若要小儿安，常带三分饥与寒。

——《退庵随笔·摄生》

译　文

如果想使小孩子安乐，要常以三分饥饿、三分寒冷对

待他。

评　析

人们常把安乐与温饱连在一起，梁公却反其道，认为三分饥寒才会带给小孩子安乐。其实，物质生活极度丰富对孩子的成长而言未必是件好事，孩子往往因此失去了吃苦耐劳的锻炼机会。也往往对已经拥有的一切不加珍惜。纨绔子弟中成才者寥寥，正是这个原因。由是观之，父母若能以三分饥寒对孩子，则不仅勇气可嘉，其远见亦堪钦佩。

治家最忌者奢。鄙啬之极[1]，必生奢勇。

——《退庵随笔·家诫》

注　释

①鄙啬：浅陋吝啬。

译　文

治家最忌讳的是奢侈。过度的节俭吝啬，必定会导致挥霍无度。

评　析

梁公不仅指出了治家之大忌为奢，而且还提出了一个独到的见解：奢勇生于啬极。很多人治家十分节俭，几于吝啬；其实，消费合理即是适度，并非越吝越好。过于吝啬的人一旦有了挥霍的机会，其“奢”的程度往往惊人。过奢与过啬均不足取。

曾国藩《曾文正公家书》（节）

简　介

曾国藩（1811—1872），字涤生，湖南湘乡人。清道光进士。曾任四川乡试正考官、翰林院侍讲学士、内阁学士、礼部右侍郎，历署兵、吏等部侍郎。1853年奉命在湖南帮办团练，后扩编为湘军，旋即同太平军作战。1860年授两江总督、钦差大臣，督办江南军务。1864年7月，破天京（今南京），加太子太保，受封一等侯爵。后又参与镇压捻军起义，并与李鸿章、左宗棠等创办江南制造局等军事工业。死谥文正。有《曾文正公全集》。

家教纲领

吾教子弟不离“八本”、“三致祥”①。八者曰：读古书以训诂为本，作诗文以声调为本，养亲以得欢心为本，养生以少恼怒为本，立身以不妄语为本[2]，治家以不晏起为本[3]，居官以不要钱为本，行军以不扰民为本。三者曰：考致祥，勤致祥，恕致祥。吾父竹亭公之教人，则专重“孝”字。其少壮敬亲，暮年爱亲，出于至诚。故吾纂墓志，仅叙一事。

注　释

①致：带来。

②不妄语：不多说话。

③晏起：晚起。

译　文

我教育子女不离“八本”、“三致祥”。“八本”指的是：读古书要以词义训释为本，作诗文要以声律和谐为本，侍奉父母要以使他们愉快为本，养生要以少发怒少烦恼为本，做人要以不多说话为本，治家要以早起为本，做官要以不贪财为本，行军要以不打扰居民为本。“三致祥”指的是：孝顺能带来吉祥，勤劳能带来吉祥，宽恕能带来吉祥。我父亲竹亭公进行家庭教育，特别注重“孝”字。他少壮时尊敬双亲，暮年时孝顺双亲，都是发自真心。所以我在为父亲写墓志铭时，只写了他孝顺的这一件事。

评 析

自星冈公（曾国藩的祖父）至曾文正公，曾家之家教纲领代代相传，一脉相承。其“八本”、“八字”、“三致祥”、“三不信”集中体现了曾氏家族孝顺、勤勉、宽容的良好家风，同时也为时人及后人提供了可以借鉴的家教典范。其中除少数内容略具局限性外，余皆为精辟之见。

勤、敬、和

凡一家之中，“勤”、“敬”二字能守得几分，未有不兴；若全无一分，无有不败。“和”字能守得几分，未有不兴；不和，未有不败者。诸弟试在乡间特此三字于族戚人家历历验之，必以吾言为不谬也。

诸弟不好收拾洁净，比我尤甚，此是败家气象。嗣后务宜细心收拾①，即一纸一缕、竹头木屑，皆宜捡拾伶俐②，以为儿侄之榜样，一代疏懒，二代淫佚，则必有昼睡夜坐、吸食鸦片之渐矣。

——《与诸弟书》

（咸丰四年八月十一日）

注 释

①嗣后：以后。

②伶俐：利落。

译　文

大凡一家之中，那些能坚持“勤”、“敬”的，没有不兴旺的；如果将这些品质丧失殆尽，则没有不衰败的。那些能坚持“和”的，没有不兴旺的，而不注意“和”的，没有不衰败的。弟弟们试着在乡间把这三个字在家族亲戚各家中一一检验，必定认为我的话不错。

弟弟们不喜欢收拾打扫保持清洁，比我还严重。这是败家的迹象。以后一定要细心收拾。哪怕一片纸一根线，或者竹头、木屑，都要收拾利落，以此作为儿侄们的榜样。一代疏散懒惰，下一代会放纵享乐，最终会发展到白天睡觉、夜晚闲坐，乃至吸食鸦片的地步。

评　析

曾公将成功的治家经验概括为“勤”、“敬”、“和”三个大方面，并特别指出“收拾洁净”这样一些小事的重要性。收拾几案、房间这类小事，有如一纸一缕之微不足道，但曾公却由此看出“败家之气象”，实是惊世之言。在“勤、敬、和”的大原则下，凡事从小做起。永远保持良好的精神状态，即为曾门家风。

戒奢华傲惰

凡世家有不勤不俭者，验之于内眷而毕露。余在家深以妇

女之奢逸为虑，尔二人立志撑持门户，亦宜自端内教始也[①]。

——《字谕纪泽、纪鸿》

（同治四年闰五月初九日）

傲为凶德，惰为衰气，二者皆败家之道。戒惰莫如早起，戒傲莫如多走路、少坐轿，望弟留心儆戒[②]。

——《与澄侯四弟书》

（咸丰十一年七月十四日）

注　释

①端内教：端正对妻子儿女的教诲。

②儆：戒备。

译　文

世上那些不勤不俭的家庭，只要检验他们家中女子的行为，就能明显地看出来。我在家的时候十分担心妇女的奢侈懒惰，你们两人如果立志要撑持门户，也应从端正对妇女、家人的教育开始。

傲，是恶劣的德行，惰，是衰败的征兆，这两者都是败家的习性。戒惰没有比早起更有效的，戒傲没有比多走路、少坐轿更有效的，希望弟弟处处留心，随时戒备。

评　析

如果说“勤、敬、和”是曾家的家教原则，那么“奢华傲惰”则是曾公从反面提出的治家大戒；戒奢要从制衣莫过绚烂做起，戒傲要从少坐轿、多行路做起，戒惰要从早起做起。另外，曾公所言败家之象可验于内眷而毕露，亦十分深刻。